最爱小炒

段晓猛◎编著

ZUIAI XIAOCHAO

简易 美味 营养 健康 让你“厨”类拔萃 “食”来运转

中国建材工业出版社

图书在版编目（CIP）数据

最爱小炒 / 段晓猛编著. -- 北京 : 中国建材工业出版社，2016.5

（小菜一碟系列丛书）

ISBN 978-7-5160-1395-3

Ⅰ. ①最… Ⅱ. ①段… Ⅲ. ①炒菜－菜谱 Ⅳ. ①TS972.12

中国版本图书馆CIP数据核字(2016)第044388号

最爱小炒

最爱小炒
段晓猛　编著

出版发行：中国建材工业出版社
地　　址：北京市海淀区三里河路1号
邮　　编：100044
经　　销：全国各地新华书店
印　　刷：北京盛兰兄弟印刷装订有限公司
开　　本：720mm×1000mm　1/16
印　　张：10
字　　数：158千字
版　　次：2016年5月第1版
印　　次：2016年5月第1次印刷
定　　价：32.80元

本社网址：www.jccbs.com.cn　微信公众号：zgjcgycbs

前言 PREFACE

炒，可以说是最基本的也是应用最广泛的烹饪技法。在中式菜肴中，不管是什么菜，基本都能拿来炒一炒。选用质地新鲜的烹饪食材，经过加工或采用适当的辅助措施，滑油或焯水后，放入烧热的油锅中，用旺火或中火迅速翻炒，加入调味料就可以做成热腾腾的菜，这就是千家万户餐桌上不可或缺的“小炒”。小炒里面蕴含着大乾坤：利用最大众化的食材，在最短的时间里，完成不同口味且营养丰富的各式菜肴。也就是用低廉的价钱、简便的操作、快速的时间就能让人们既饱了口福，还补充了身体所需营养，是真真正正的多、快、好、省！

本书精选了近300道经典时尚小炒，既“美胃”，又美容，还养生，是丰富味蕾、保障健康的餐桌宝典。

contents 目录

Part 1 蔬菜类

Part 2 畜肉类

Part 3 水产类

Part 4 蛋禽类

Part 5 豆菌类

Part 1 蔬菜类

素炒三丝

原料

香干100克，黄豆芽30克，青椒丝、红椒丝各25克，黑木耳15克。

调料

葱丝5克，蒜末、姜片各3克，蚝油5毫升，料酒3毫升，盐、食用油、干辣椒各适量。

制作方法

1. 将香干洗净，切丝；泡发黑木耳，切片；黄豆芽去根，洗净。
2. 锅内倒油烧热，倒入蒜末、葱丝、姜片、干辣椒爆香，倒入青椒丝、红椒丝、木耳片、香干丝炒匀，倒入黄豆芽，加入盐、蚝油、料酒，翻炒1分钟至熟，出锅装盘即可。

小提示

素炒三丝

● 香干有利于补充钙质，促进骨骼发育，预防骨质疏松症。

清炒芥蓝

● 芥蓝具有防感冒、促进胃肠蠕动的作用。

清炒芥蓝

原料

芥蓝400克，蒜瓣15克。

调料

味精、白糖各3克，淀粉、盐、料酒、食用油各适量。

制作方法

1. 将芥蓝洗净，切段；蒜瓣切块。锅中加水烧开，加适量食用油、盐，放入芥蓝，焯至断生后捞出。另起锅，注入适量食用油，烧热后倒入蒜块爆香。
2. 倒入芥蓝，拌炒均匀。加入适量盐、味精、白糖、料酒炒匀调味。再用少许水淀粉勾芡即可。

原料

榨菜丝150克，青、红彩椒各50克。

调料

盐、食用油、水淀粉、蒜末各适量。

制作方法

1. 将青、红彩椒洗净、切丝。
2. 热锅注入少许食用油，倒入蒜末炸香；再倒入青、红彩椒丝炒香；倒入榨菜丝炒匀。
3. 加少许盐炒匀，再用少许水淀粉勾芡即可。

彩椒炒榨菜

小提示

彩椒炒榨菜

● 彩椒具有消暑、补血、消除疲劳、预防感冒、促进血液循环的作用。

清炒莴笋丝

● 莴笋具有提高人体代谢功能的功效。

原料

莴笋300克，红椒丝50克。

调料

盐、白糖各3克，蒜末、姜丝各5克，味精2克，食用油适量。

制作方法

1. 将去皮洗净的莴笋切片，再切成丝。锅上火，入食用油烧热，倒入蒜末、红椒丝、姜丝爆香。
2. 再倒入莴笋丝炒约1分钟至熟。加入盐、味精、白糖调味即可。

清炒莴笋丝

素炒冬瓜

原料

冬瓜500克。

调料

葱花、红椒末各5克，盐3克，淀粉10克，食用油适量。

制作方法

1. 冬瓜去皮洗净，切段，再改切成片。炒锅注入适量食用油，烧热，倒入红椒末、葱花爆香。
2. 倒入冬瓜片，炒匀。加少许清水炒至熟软。加盐调味即可。

丝瓜炒油条

原料

丝瓜500克，油条70克。

调料

淀粉10克，蚝油10毫升，鸡精、味精各2克，葱白碎、蒜末、姜片各5克，盐3克，食用油适量。

制作方法

1. 将洗净的丝瓜去皮，切条。油条切成长短均匀的段。
2. 锅中入食用油烧热，入姜片、蒜末、葱白碎爆香，倒入丝瓜条炒匀。加入少许清水，翻炒片刻。加入盐、味精、鸡精、蚝油。
3. 倒入油条段，加少许清水炒1分钟至油条熟软。
4. 用少许淀粉加水勾芡，再淋入少许熟油炒匀，起锅，盛出装盘即可。

小提示

素炒冬瓜

- 冬瓜具有清热利尿、开胃消食的功效。

丝瓜炒油条

- 丝瓜具有止咳化痰、凉血解毒的作用。

炒冬笋

原料

冬笋100克，青二荆条50克，红椒丝少许。

调料

料酒5毫升，盐3克，味精2克，姜片、蒜末、葱段各5克，食用油适量。

制作方法

1. 将冬笋洗净，切条；将青二荆条去蒂，洗净、切段。
2. 油锅烧热后倒入青二荆条段，滑炒1分钟，沥干油备用。锅留底油，倒入蒜末、姜片、葱段炒香。
3. 倒入冬笋炒匀，加入青二荆条段和红椒丝。倒少许清水，淋入料酒，加盐、味精调味即可。

青豆炒雪菜

原料

雪菜300克，青豆100克，肉末50克。

调料

干红辣椒10克，蒜末5克，盐、食用油各适量。

制作方法

1. 干红辣椒洗净、切段；雪菜洗净、切末；青豆焯熟备用。
2. 锅置大火上，注入适量食用油烧至七成热，倒入蒜末、干红辣椒段爆香。
3. 放入雪菜加肉末略炒，再倒入青豆拌炒均匀，加入适量盐调味即可。

小提示

炒冬笋

● 冬笋具有止血凉血、通便、养肝的功效。

青豆炒雪菜

● 雪菜具有开胃消食、温中利气等功效。

百合炒苦瓜

原料

苦瓜200克，胡萝卜片20克，百合20克。

调料

鸡精2克，白糖1克，盐、蒜末各3克，葱白5克，淀粉、食用油各适量。

制作方法

1. 将苦瓜洗净，切片。取炖盅，加入少许食用油。倒入苦瓜，拌匀，盖上盅盖，加热约3分钟。揭开锅盖，倒入胡萝卜片、百合，用筷子拌匀。
2. 加入鸡精、盐、白糖拌匀调味，盖上盅盖，煮至熟透。揭盖，用少许淀粉加水勾芡。倒入蒜末、葱白，搅拌均匀，盛入盘中即可。

小提示

百合炒苦瓜

● 苦瓜、百合都有清暑去热、清心明目的作用。

洋葱炒玉米

● 玉米具有促进肠道蠕动、缓解便秘的作用。

洋葱炒玉米

原料

鲜玉米粒100克，洋葱50克，彩椒粒20克。

调料

淀粉10克，味精、鸡精各2克，姜片、蒜末、葱白各5克，食用油、香油、盐各适量。

制作方法

1. 将洗净的洋葱、切瓣。
2. 锅中加约800毫升清水烧开，加适量盐、食用油拌匀，倒入玉米粒略煮，煮沸后捞出备用。
3. 油锅烧热，倒入姜片、蒜末、葱白爆香，倒入洋葱、彩椒粒和玉米粒炒匀。加入适量盐、鸡精、味精，炒匀调味，用少许淀粉加水勾芡，淋入少许香油即可。

豌豆炒三丁

原料

土豆、鸡肉丁、香干各100克，胡萝卜50克，豌豆30克。

调料

葱白5克，盐4克，鸡精1克，蚝油5毫升，蒜末、姜片各3克，淀粉、食用油各适量。

制作方法

1. 将胡萝卜、土豆均洗净、去皮、切丁；将香干切丁。分别将鸡肉丁、胡萝卜丁、土豆丁、豌豆放入沸水锅中，焯熟，捞出。
2. 锅内加油烧热，倒入蒜末、姜片、葱白爆香。加入鸡肉丁、胡萝卜丁、土豆丁、香干丁、豌豆，炒出香味。加盐、鸡精、蚝油调味，翻炒均匀。用少许淀粉加水勾芡，淋入熟油即可。

清炒佛手瓜

原料

佛手瓜200克，红椒丝25克。

调料

白糖2克，葱白5克，蒜末5克、味精3克，盐、淀粉、食用油各适量。

制作方法

1. 佛手瓜洗净、切丝。锅中加清水烧开，加适量食用油和盐。放入佛手瓜丝焯至断生，捞出。
2. 油锅烧热，倒蒜末、葱白、红椒丝爆香。倒佛手瓜丝，炒均匀。加适量盐、味精、白糖炒至熟透。用少许淀粉加水勾芡即可。

小提示

豌豆炒三丁

● 豌豆具有益中气、利小便的功效。

清炒佛手瓜

● 佛手瓜营养丰富，对增强人体抵抗力有益。

尖椒炒西红柿

原料

西红柿200克，尖椒100克。

调料

油、盐、葱花、生抽各适量。

制作方法

1. 西红柿、尖椒洗净、切块。
2. 锅中放适量的油，放葱花煸香，放西红柿块、尖椒块翻炒，放入生抽和适量的盐调味即可。

胡萝卜炒鸡蛋

原料

胡萝卜200克，鸡蛋3个。

调料

麻油、盐、葱花、胡椒粉、料酒、植物油各适量。

制作方法

1. 胡萝卜洗净后切丝。将鸡蛋打入碗中，加入一勺盐，撒少许胡椒粉、加入几滴麻油、适量料酒，搅打至蛋液蓬松。
2. 锅中倒入植物油，烧热，将胡萝卜丝下锅，加入小半勺盐，翻炒至胡萝卜变软后，将蛋液倒入锅中。翻炒成蛋花状后，接着加入葱花，均匀翻炒即可。

小提示

尖椒炒西红柿

● 西红柿具有健胃消食、润肠通便的作用。

胡萝卜炒鸡蛋

● 鸡蛋具有健脑益智、保护肝脏的功效。

蒜末西蓝花

原料

西蓝花300克，大蒜50克。

调料

油、盐、鸡精各适量。

制作方法

1. 西蓝花洗净、掰小朵，大蒜剁成末备用。
2. 锅中注入水烧开，加入少量的盐和几滴油。西蓝花在沸水中焯一分钟，捞入冷水中冲凉后沥干水分。
3. 炒锅中倒入油，烧至七成热，下蒜末翻炒出香味。倒入焯好的西蓝花翻炒均匀，加入盐和鸡精调味即可。

小提示

蒜末西蓝花

● 西蓝花具有增强机体免疫力、清热解渴的功效。

百合芹菜炒腰果

原料

芹菜200克，百合150克，腰果50克，胡萝卜30克。

调料

高汤、盐、味精、植物油各适量。

制作方法

1. 将百合洗净，入沸水锅中汆烫，捞出；芹菜洗净、切小段；胡萝卜洗净、切片。油锅烧热，下入腰果炸熟，捞出。
2. 锅中留底油烧热，下入芹菜段、胡萝卜片翻炒片刻，倒入高汤，放入百合继续翻炒，最后加盐、味精调味，撒上腰果拌匀即可。

小提示

百合芹菜炒腰果

● 腰果具有润肠通便、润肤美容的作用。

辣炒黄瓜

● 黄瓜具有健脑安神、生津止渴的功效。

辣炒黄瓜

原料

黄瓜500克，美人椒2个，肉末适量。

调料

豆豉、盐、香油、植物油各适量。

制作方法

1. 黄瓜洗净、切小块。美人椒洗净、切粒。
2. 油锅烧热，下肉末、豆豉爆香，倒入黄瓜块和美人椒粒翻炒，放入盐调味，淋入香油即可。

原料

甜玉米1个，青、红甜椒丁各适量。

调料

盐半小匙，植物油、黑胡椒粉各适量，牛奶2大匙。

制作方法

1. 甜玉米洗净剥粒。
2. 锅中倒入适量油，大火加热，烧油至五成热时放入甜玉米粒炒约1分钟，再放入青、红甜椒丁，并撒入盐翻炒均匀。
3. 再淋入牛奶，并加入黑胡椒粉翻炒约30秒钟即可。

甜椒玉米粒

小提示

甜椒玉米粒

● 甜椒具有健胃、明目、提高机体免疫力的功效。

蒜香荷兰豆

● 荷兰豆含有丰富的膳食纤维，有清肠作用。

原料

荷兰豆250克，蒜3瓣。

调料

盐1小匙，味精半小匙，植物油适量。

制作方法

1. 荷兰豆两侧去筋，洗净后放入沸水中汆烫20秒钟，捞出后立即放入冷水中浸泡，凉透后捞出沥干，备用。
2. 蒜去皮，洗净，切末，备用。
3. 锅中倒入油，待油烧至七成热时放入蒜末煸炒出香味，再放入荷兰豆煸炒1分钟，最后放盐和味精炒匀即可。

蒜香荷兰豆

西红柿炒冬瓜

原料

冬瓜200克，西红柿100克，青椒条适量。

调料

盐、葱花、植物油各适量。

制作方法

1. 西红柿洗净、切片；冬瓜去皮、瓤，洗净切片，备用。
2. 锅内倒油烧热，放冬瓜片，炒至呈透明状时，放西红柿片、青椒条及适量水翻炒至熟。加盐调味，出锅时撒入葱花即可。

花椒莴笋丝

原料

莴笋400克。

调料

植物油、花椒粒、盐、料酒各适量，红辣椒碎少许。

制作方法

1. 将莴笋去皮，洗净，切细丝。
2. 油锅烧热，下入花椒粒爆香，炸透。再放入莴笋丝，倒入料酒，翻炒至五分熟，放入红辣椒碎翻炒入味，最后加盐调味即可。

小提示

西红柿炒冬瓜

● 西红柿具有健胃消食、润肠通便的作用。

花椒莴笋丝

● 莴笋具有提高人体代谢功能的作用。

原料

豇豆150克，山药100克，枸杞子少许。

调料

植物油、盐、味精、葱末、姜丝各适量。

制作方法

1. 豇豆洗净、切段；山药去皮、切块。
2. 将豇豆段放入盐水中汆烫，捞出，沥干。
3. 锅置火上，入油烧热，下葱末、姜丝炒香，放入山药块及豇豆段，大火翻炒，用盐和味精调味，撒上几粒枸杞子即可。

小提示

豇豆炒山药

● 山药具有滋肾益精、健胃的功效。

干煸四季豆

● 四季豆中含有丰富的维生素C和铁，对缺铁性贫血有食疗作用。

原料

四季豆段350克，猪肉末80克。

调料

植物油、蒜末各适量，干辣椒段10克，盐、鸡粉各1/4小匙，米酒1小匙。

制作方法

1. 四季豆段放入油锅中炸软，捞出沥油，备用。
2. 留底油重新加热，放入猪肉末和米酒炒至变色，再加入蒜末、干辣椒段炒香，再加入四季豆段炒匀，加入盐和鸡精调味即可。

葱味莴笋

原料

莴笋250克，葱花50克。

调料

盐、味精、香油、料酒、白酱油、食用油各适量。

制作方法

1. 莴笋去皮、洗净、切丝。
2. 油锅烧热，下入莴笋丝滑油，捞出备用。
3. 锅中再加入适量油烧热，放入葱花炒香，调入料酒，加莴笋丝翻炒均匀，调入盐、白酱油炒至熟，加入味精，淋入香油即可。

小提示

葱味莴笋
- 莴笋具有提高人体代谢功能的作用。

芹菜炒胡萝卜
- 胡萝卜具有增强抵抗力、明目的作用。

芹菜炒胡萝卜

原料

芹菜200克，胡萝卜150克。

调料

植物油、盐、味精、葱花、鸡精、香油、白糖各适量。

制作方法

1. 胡萝卜洗净，切条；芹菜择洗干净，切段。
2. 油锅烧热，下入葱花爆香，放入胡萝卜条煸炒。下入芹菜段，调入盐、鸡精、白糖、味精，大火快速翻炒均匀至熟，最后淋上香油即可。

油菜炒香菇

原料

油菜、香菇各适量。

调料

油、盐、蒜末、白糖、蚝油、鸡精各适量。

制作方法

1. 油菜洗净、沥水；香菇洗净，撕成小块。
2. 锅内油烧热，放入油菜急火快炒，待油菜熟后盛出。
3. 锅内重新放油烧热，放蒜末爆香，入香菇翻炒，放白糖、蚝油，炒熟后放点鸡精、盐调味，放入炒熟的油菜拌匀装盘即可。

小提示

油菜炒香菇
- 香菇有补肝肾、健脾胃、益气血的功效。

蒜香茼蒿
- 茼蒿具有健脾胃、降压补脑等功效。

蒜香茼蒿

原料

茼蒿350克。

调料

植物油、盐、红椒、蒜末各适量。

制作方法

1. 茼蒿去叶，入盐水中略浸泡，捞出，冲洗干净，切段；红椒洗净，切丝备用。
2. 锅置火上，加入适量油，小火烧热，放入蒜末、红椒丝煸炒出香味。
3. 倒入茼蒿段大火翻炒片刻，最后加盐调味即可。

原料

大白菜200克，鲜草菇80克。

调料

植物油、盐、味精、白糖、香菜叶、红椒圈各适量。

制作方法

1. 将白菜洗净、切段，鲜草菇洗净、切片。
2. 油锅烧热，下入红椒圈、草菇片、大白菜段，翻炒。再加盐、味精、白糖翻炒至入味，然后撒上香菜叶即可。

小提示

草菇炒白菜

● 草菇具有提高机体免疫力、增强抗病能力的功效。

青椒炒培根

● 青椒具有增强肠胃蠕动、改善食欲的功效。

原料

培根400克，青椒200克。

调料

植物油、酱油、鸡精、蚝油各适量。

制作方法

1. 青椒洗净，去蒂及部分籽，切块；培根切片，备用。
2. 锅置火上，入培根片，煎至表面略焦黄，盛出备用。
3. 锅中入适量油加热，再入青椒块略翻炒出香味。再下入煎好的培根片炒匀，最后倒入酱油、鸡精、蚝油，翻炒均匀，盛出装盘即成。

菠菜炒鸡蛋

原料

菠菜200克，鸡蛋2个。

调料

植物油、盐、葱末、姜末各适量。

制作方法

1. 菠菜洗净，入沸水中汆烫片刻，捞出，切段；鸡蛋打成蛋液，入油锅中煎炒，盛出。
2. 锅内放油烧热，放入葱末、姜末爆香，放菠菜段炒至断生，倒入鸡蛋炒匀，加盐调味即可。

鱼香菠菜

原料

菠菜250克，熟面条鱼、圣女果各适量。

调料

植物油、姜末、蒜末各适量，红椒圈少许，生抽、陈醋各1大匙，糖1小匙，鸡精1/4小匙，香油5滴。

制作方法

1. 炒锅入油烧热，放入菠菜大火爆炒片刻盛出。
2. 锅内再放少许油烧热，放入红椒圈、姜末、蒜末、熟面条鱼炒至出香味，倒入生抽、陈醋、糖、鸡精烧开，放菠菜，迅速炒匀装盘，滴入香油，用圣女果作装饰即可。

小提示

菠菜炒鸡蛋

- 菠菜对贫血、高血压、软骨病等病症有食疗作用。

鱼香菠菜

- 熟面条鱼具有润肺止咳、增强免疫力的功效。

原料

空心菜300克。

调料

高汤2大匙，香油1大匙，盐1小匙，植物油、葱末、蒜末各适量。

制作方法

1. 空心菜洗净，切段。
2. 锅置火上，加油烧热，放入蒜末、葱末爆香，然后放入空心菜段炒至半熟，加入高汤、香油、盐炒熟即可。

小提示

素炒空心菜
● 空心菜具有降脂减肥的功效。

韭菜炒香干

原料

韭菜200克，香干150克。

调料

油适量，盐少许，生抽数滴，红椒适量。

制作方法

1. 韭菜洗净、切段，香干洗净、切细条，红椒去籽、切丝。
2. 炒锅加油烧热，下红椒丝和香干翻炒，加入少许盐、生抽调味。
3. 待香干吸收汤汁变软，加入切成段的韭菜，翻匀，待韭菜变软即可。

小提示

韭菜炒香干

● 韭菜具有补肾壮阳、益肝健胃、行气理血等功效。

红椒空心菜

原料

空心菜500克。

调料

盐1小匙，香油半小匙，红椒、醋、植物油、蒜各适量。

制作方法

1. 将空心菜去除老梗，择洗干净；蒜去皮、切段；红椒切段。
2. 锅置火上，倒入适量植物油烧热，爆香红椒段和蒜段。
3. 将处理好的空心菜倒入锅中，大火快速翻炒均匀，加入一些清水翻炒30秒钟，加入盐、醋调味炒匀，淋入少许香油即可。

小提示

红椒空心菜

● 空心菜具有通便解毒的作用。

白果炒芦笋

原料

芦笋200克，白果50克，百合片适量。

调料

植物油、姜丝、红辣椒段各适量，盐1/4小匙，白糖、香菇粉、白胡椒粉各少许。

制作方法

1. 白果、百合片入沸水中氽烫一下捞出，沥水备用；芦笋去皮，洗净，切段。
2. 锅置火上，倒适量油烧热，加入姜丝、红辣椒段爆香，再放入处理好的芦笋段、百合片、白果翻炒一下。
3. 放入盐、白糖、香菇粉、白胡椒粉调味即可。

小炒芦笋

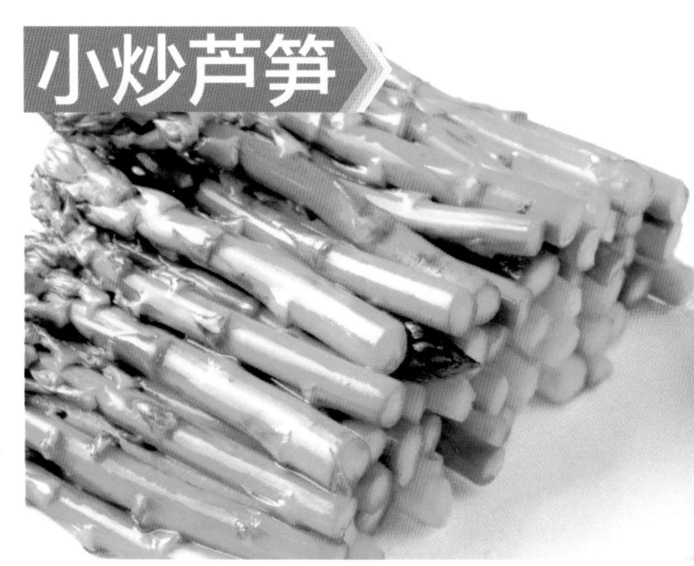

原料

芦笋200克，葱段50克，姜片适量。

调料

盐、白糖、油各适量。

制作方法

1. 芦笋洗净，切成段，入沸水中氽烫，捞出，过凉，备用。
2. 油锅烧热，入葱段、姜片炒香，捞出葱段、姜片，再加入芦笋段，撒上盐和白糖快速炒匀，盛出装盘即成。

小提示

白果炒芦笋

● 白果具有保护肝脏、防治心血管疾病的功效。

小炒芦笋

● 芦笋具有清热利尿、促进胎儿大脑发育的功效。

毛豆炒百合

原料

毛豆100克，百合50克，香干50克，彩椒适量。

调料

盐、油各适量。

制作方法

1. 将百合掰开、洗净，彩椒洗净，切片，香干切大丁，备用。
2. 锅内热油，先将毛豆放入锅中煸炒片刻，接着放入百合、彩椒片、香干丁一起煸炒，然后放入适量水，加盐炖熟即可。

小提示

毛豆炒百合

● 百合具有润肺止咳、宁心安神的作用。

丝瓜炒鸡蛋

原料

丝瓜2根，鸡蛋3个，红椒、青椒各适量。

调料

植物油、姜末、盐、醋各适量。

制作方法

1. 红椒、青椒一同洗净，切片；丝瓜去皮，洗净，切滚刀块。鸡蛋打散，加入盐拌匀，用油炒成蛋花，盛出。
2. 另置炒锅，倒入油烧热，爆香姜末，再放入红椒片、青椒片、丝瓜块和醋炒熟，再倒入炒好的蛋花同炒，加入盐调味，炒匀即可。

小提示

丝瓜炒鸡蛋

● 丝瓜具有清暑凉血、解毒通便、祛风化痰、通经络等作用。

虾皮莴笋

● 虾皮具有补肾、理气开胃之功效。

虾皮莴笋

原料

莴笋350克，彩椒100克，虾皮适量。

调料

植物油、葱花、姜末各适量，盐、味精各半小匙，胡椒粉少许。

制作方法

1. 莴笋洗净，去皮，切成丝；彩椒洗净，切条；虾皮用冷水浸泡，捞出备用。
2. 锅中加油烧热，放入葱花、姜末炒香，放入莴笋丝、虾皮、彩椒条大火快炒，调入盐、味精、胡椒粉即可。

洋葱炒西红柿

原料

洋葱150克，西红柿250克，青椒50克。

调料

植物油、番茄酱、水淀粉、糖、醋、鸡粉、盐各适量。

制作方法

1. 洋葱、青椒洗净、切块；西红柿去蒂、切块待用。
2. 炒锅置旺火上，放油烧热，下洋葱块和青椒块炸一下，捞出沥油；把西红柿块放在漏勺里，下油锅炸一下，捞出沥油待用。
3. 炒锅中留底油，加热放番茄酱，翻炒至熟后加入3汤匙水，随即加入鸡粉、盐、醋、糖，汤烧开后，放炸好的洋葱、西红柿、青椒块，翻炒几下，用水淀粉勾芡即可。

小提示

洋葱炒西红柿
● 洋葱有较强的杀菌作用。

青椒炒南瓜
● 南瓜具有提高机体免疫力的功效。

青椒炒南瓜

原料

南瓜350克，青椒150克。

调料

盐1小匙，味精少许，料酒、植物油各适量。

制作方法

1. 先将南瓜洗净、去皮，切丝；青椒洗净，去蒂及籽，切丝，备用。
2. 锅置火上，倒入适量油，待油烧热后放入南瓜丝翻炒。然后加少许料酒，待南瓜丝变软后放入青椒丝。调入盐和味精，大火炒熟出锅即可。

宫保南瓜

原料

南瓜肉200克，腰果30克，番茄酱10克。

调料

葱段、姜末、蒜末、花椒、红辣椒段、辣椒油、料酒、盐、香油、油、糖、醋、湿淀粉各适量。

制作方法

1. 南瓜肉切丁，放入蒸锅蒸3分钟；碗中放入糖、醋、盐、料酒搅拌均匀，点入香油，湿淀粉勾薄芡，制成宫保汁。
2. 锅中放油，放入花椒、红辣椒段、番茄酱，下葱段、姜末、蒜末，煸熟后下南瓜丁，翻炒，加辣椒油，下宫保汁，下腰果翻炒均匀即可。

百合炒南瓜

原料

南瓜200克，鲜百合100克，西芹50克。

调料

盐、味精、葱末、姜末、植物油各适量。

制作方法

1. 将南瓜切片；西芹洗净、切段，入沸水中汆烫，捞出，沥干；鲜百合去根，洗净，汆烫，捞出，沥干。
2. 锅中加油烧热，爆香葱末、姜末，放入南瓜片、鲜百合、西芹段翻炒，待熟时，加盐、味精调味即可。

小提示

宫保南瓜

- 南瓜具有保护胃肠道黏膜、促进溃疡愈合的作用。

百合炒南瓜

- 百合具有清火、润肺、安神的作用。

芥蓝炒山药

原料

芥蓝梗100克，淮山药1根，红椒1个。

调料

油、盐、葱花各适量。

制作方法

1. 芥蓝去皮、切片、焯水待用；红椒洗净、切片；淮山药去皮、切片。
2. 锅中放油加热，放葱花爆香，加芥蓝片和山药片炒一下，加盐和水焖一会儿，加红椒片翻炒匀即可。

小提示

芥蓝炒山药

● 芥蓝有利水化痰、解劳乏的作用。

原料

山药400克，香葱、黑木耳各少许。

调料

植物油、盐各适量。

制作方法

1. 山药去皮、切片，入沸水中略氽烫后捞出，沥干；香葱洗净，切葱段；黑木耳泡发，洗净，焯水后撕成片备用。
2. 锅内加油烧热，放入山药片，中火炒熟后加入盐、葱段、黑木耳翻炒均匀即可。

小提示

清炒山药

● 山药对滋养皮肤、养颜有益。

清炒山药

葱香藕片

原料

莲藕30克。

调料

植物油、姜末、白醋、盐、葱段、红椒片各适量。

制作方法

1. 莲藕去皮、洗净，切成薄片，再用清水冲洗干净，然后放到加了白醋的清水中浸泡10分钟。
2. 锅置火上，加适量油烧热，下入姜末煸炒片刻，然后下红椒片、葱段炒出香味，再倒入藕片翻炒片刻。
3. 锅中加少许盐调味，待藕片熟透即可。

小提示

葱香藕片

● 莲藕具有强健胃黏膜、改善肠胃功能的功效。

西红柿炒豆腐

● 豆腐具有防治骨质疏松症的功效。

西红柿炒豆腐

原料

西红柿200克，豆腐250克，黑木耳50克，油菜50克。

调料

盐、味精、白糖、酱油、油各适量。

制作方法

1. 西红柿洗净，切块；油菜洗净、切段，入沸水中汆一下捞出；豆腐洗净沥干，切片；将黑木耳泡发，撕小块后焯水备用。
2. 油锅烧热，放入油菜段、西红柿块翻炒均匀，加豆腐片和黑木耳同炒，调入白糖、盐、酱油、味精调味即可。

西红柿炒土豆片

原料

西红柿80克，土豆300克，青椒60克。

调料

植物油、盐、米醋、白糖、番茄酱各适量。

制作方法

1. 土豆洗净、去皮、切片，入热油锅煎至变色后捞出沥油；西红柿、青椒分别洗净、切片。
2. 油锅烧热，放入适量清水、白糖、米醋、番茄酱、盐，烧煮成西红柿汁，再下入西红柿片、青椒片、土豆片翻炒至熟即可。

小提示

西红柿炒土豆片

● 西红柿具有清热、润肠通便的功效。

醋炒莲藕片

● 莲藕具有强健胃黏膜、改善肠胃功能的功效。

原料

莲藕200克，姜片20克。

调料

植物油适量，盐、鸡精、白糖、香油各1小匙，白醋1大匙。

制作方法

1. 莲藕洗净后切成圆薄片，放入沸水中煮约3分钟，捞起，沥干水分，备用。
2. 锅内加油烧热，放入姜片爆香，捡出姜片，再加入莲藕片和白醋翻炒数下，然后加入盐、鸡精、白糖，快炒均匀，淋入香油即可。

醋炒莲藕片

素炒萝卜丝

原料

新鲜白萝卜400克。

调料

植物油、香葱叶、盐、葱末、姜末各适量。

制作方法

1. 把白萝卜清洗干净，去皮之后切成细丝。
2. 在油锅中倒适量植物油，烧热后放入葱末、姜末爆香，然后将白萝卜丝倒进去迅速翻炒。
3. 当白萝卜丝变得透明时加适量清水，加盐调味，翻炒至汤汁慢慢收干，出锅时撒上一些香葱叶拌炒均匀即可。

小提示

素炒萝卜丝

● 白萝卜具有消积滞、化痰清热、下气宽中、解毒等作用。

青辣椒炒鸡蛋

原料

鸡蛋4个，青辣椒碎250克。

调料

植物油、盐、花椒各适量，葱末、姜末、红椒碎各少许。

制作方法

1. 将鸡蛋打入碗中，搅拌均匀。锅内加油烧至三成热，鸡蛋液倒入锅中，慢慢炒成金黄色的蛋花，盛出，沥干油。
2. 油锅再次烧热，放入葱末、姜末和花椒煸炒至出香味，下入青辣椒碎和红椒碎翻炒2分钟左右，再加入蛋花翻炒片刻，加入盐略炒至入味即可。

小提示

青辣椒炒鸡蛋

● 青辣椒具有促进肠道蠕动、帮助消化的功效。

原料

菜花300克，西红柿200克。

调料

植物油、番茄酱、白糖、盐各适量。

制作方法

1. 将菜花、西红柿分别清洗干净，菜花撕小朵、西红柿切块，备用。将菜花放入沸水中汆烫，捞出，沥干，备用。
2. 锅内放油烧热，放入西红柿块翻炒，放入番茄酱和白糖调味。将西红柿块炒成酱状后再倒入菜花，加盐调味，翻炒入味即可。

小提示

西红柿炒菜花

● 菜花具有补充维生素K、提高人体免疫力的功效。

西红柿炒菜花

豆豉空心菜

原料

空心菜梗300克，豆豉50克。

调料

干辣椒段30克，植物油、盐、白糖、生抽、醋、蒜末各适量。

制作方法

1. 将空心菜择洗干净后，摘取菜梗，洗净，切小段。
2. 锅内放油烧热，将豆豉下锅稍煸，下入蒜末及干辣椒段煸香，将空心菜梗段倒入锅中，大火快炒，沿锅边淋入醋炒匀，调入白糖、盐、生抽快速翻炒至菜梗水分煸出即可。

小提示

豆豉空心菜

● 空心菜具有清热凉血、利尿除湿等作用。

回锅土豆片

原料

土豆片300克，青、红辣椒片100克。

调料

豆瓣酱2大匙，植物油、生抽、白糖各适量。

制作方法

1. 土豆片用清水浸泡片刻，捞出沥干。锅中加油烧热，放入土豆片煎至两面金黄时盛出。锅中继续加油，下豆瓣酱炒香。
2. 然后下青、红辣椒片炒出香味，再倒入煎好的土豆片翻炒，使每片土豆均沾上豆瓣酱，最后加入生抽、白糖和少量的水炒熟即可。

麻辣孜然小土豆

原料

小土豆适量。

调料

葱末、姜末、蒜末、辣椒粉、葱丝、孜然、花椒、盐、蚝油、植物油各适量。

制作方法

1. 小土豆洗净，带皮入沸水中煮熟，捞起沥干、去皮。锅中加油烧热，放入小土豆，煎至表面金黄后盛出。
2. 锅内继续加油，下葱末、姜末、蒜末爆香，放入辣椒粉、孜然、花椒、盐炒香。将煎好的小土豆放入锅中炒匀，最后加入少许蚝油炒匀，撒葱丝点缀即可。

小提示

回锅土豆片

● 豆瓣酱具有增进食欲、利湿消肿的功效。

麻辣孜然小土豆

● 土豆具有和中养胃、宽肠通便的功效。

原料

土豆250克，青辣椒100克。

调料

蒜片、盐、白糖各少许，植物油、干辣椒段、味精、酱油、香油、蚝油各适量，高汤1小碗。

制作方法

1. 土豆去皮、洗净、切片；青辣椒去籽、洗净、切片。
2. 锅内放油烧热，下蒜片、干辣椒段爆香，放入土豆片煸炒至七分熟，再下入青辣椒片翻炒均匀，调入盐、白糖、蚝油、酱油，倒入高汤，小火慢炒，放入味精，淋入香油即可。

青辣椒土豆片

小提示

青辣椒土豆片

- 青辣椒具有补充维生素C、增进食欲的功效。

酸甜藕条

- 莲藕具有健胃消食、润肠通便的功效。

原料

莲藕条350克，小麦粉50克，素汤1小碗。

调料

植物油、盐、酱油、醋、香油、白糖各适量，小苏打粉少许。

制作方法

1. 小麦粉、小苏打粉加适量盐和清水，调成糊，与莲藕条一起拌匀。锅中加油烧热，下入莲藕条，小火炸至金黄色，捞出。
2. 锅中加素汤、白糖、醋、酱油烧开，待汤汁浓稠时倒入莲藕条翻炒，淋上香油即可。

酸甜藕条

麻辣藕丁

原料

莲藕丁300克。

调料

植物油、蒜末、葱花、花椒、白醋、蒸鱼豉油、盐、干辣椒段各适量。

制作方法

1. 莲藕丁放入加有白醋的清水中浸泡10分钟。锅中倒油烧热，爆香蒜末、干辣椒段和花椒炒出椒麻香味。
2. 下莲藕丁翻炒2分钟，再放入蒸鱼豉油、盐翻炒均匀，待莲藕丁熟时沿锅边淋入少许白醋，撒上葱花即可。

小提示

麻辣藕丁

● 莲藕具有强健胃黏膜、改善肠胃功能的功效。

洋葱炒土豆

● 洋葱具有杀菌、促消化等功效。

洋葱炒土豆

原料

洋葱200克，土豆100克。

调料

青椒片、红椒片、盐各少许，植物油适量。

制作方法

1. 将洋葱表层的老皮去掉，洗净后切成片；土豆去皮，洗净，切成片，备用。
2. 锅置火上，倒油烧热，待油烧至七成热时，下土豆片翻炒片刻。
3. 加适量水翻炒至土豆片熟，放入洋葱片、青椒片、红椒片翻炒，最后加盐调味即可。

原料

香菇50克，油菜10棵。

调料

姜末、葱末、酱油、盐、料酒、鸡精、植物油各适量。

制作方法

1. 香菇泡发去蒂，切块；油菜洗净。
2. 将锅置于火上，倒适量植物油，放姜末、葱末炒出香味，再将香菇块下锅略炒，倒酱油、料酒、鸡精，炒熟后倒入盘中，备用。
3. 将油菜氽烫后，撒一点盐拌匀，在盘子上排列整齐，再将炒好的香菇倒在油菜上即可。

小提示

香菇扒油菜

● 香菇有降低胆固醇、降血压、降血脂的作用。

香菇扒油菜

木耳炒苦瓜

原料

苦瓜150克，黑木耳50克，山药20克，红椒10克。

调料

盐、菜籽油各适量。

制作方法

1. 木耳泡发、撕小朵；红椒洗净、切片；山药和苦瓜分别洗净、去皮、切片，备用。
2. 锅中热油，放入苦瓜片、山药片、木耳、红椒片，加适量的水炒熟，加盐调味即可。

酱爆茄子

原料

长茄子300克，青椒粒、红椒粒各50克。

调料

植物油、味精、盐、蒜片、葱末、蚕豆酱各适量。

制作方法

1. 长茄子洗净、切条，用微波炉加热至发蔫变色时取出。
2. 油锅烧热，爆香蒜片及葱末，放青椒粒炒出香味，再下蚕豆酱、红椒粒，以小火炒香，转大火，下长茄子条炒匀，关火，加盐和味精拌匀即可。

小提示

木耳炒苦瓜
- 洋葱有杀菌、促消化的功效。

酱爆茄子
- 茄子具有消热解暑、补充维生素的功效。

鱼香茄子

原料

茄子200克，肉末少许。

调料

植物油、葱花、姜末各适量，生抽、料酒、白糖、醋、香油各少许，剁椒1小匙。

制作方法

1. 将生抽、料酒、白糖、醋放入碗中兑成鱼香味汁。茄子洗净，切成条，入油锅中过一遍油，捞出。
2. 油锅烧热，爆香姜末，倒入鱼香味汁和剁椒大火烧开。
3. 放入茄条、肉末翻炒，待汤汁浓稠，淋入香油，撒上葱花即可。

小提示

鱼香茄子
● 茄子具有清热解暑、补充维生素的功效。

炝炒胡萝卜片
● 胡萝卜具有提高机体免疫力的功效。

炝炒胡萝卜片

原料

胡萝卜500克，黄瓜片、生菜叶各适量。

调料

干辣椒末15克，植物油、盐、鸡精、番茄酱各适量。

制作方法

1. 胡萝卜去皮，洗净，切菱形片。锅置火上，放入适量水和少许油，下入胡萝卜片煮至熟，捞出沥干水分，备用。
2. 将黄瓜片和生菜叶铺盘。锅中倒油烧热，放入干辣椒末、番茄酱炒香，加入胡萝卜片炒匀，加盐、鸡精调味，装盘即可。

油菜炒毛豆

小提示

油菜炒毛豆

● 毛豆具有健胃宽中、清热解毒的功效。

原料

油菜300克，毛豆100克，猪肉末适量。

调料

盐、鸡精各少许，姜丝、红辣椒段、生抽、白糖、料酒、色拉油各适量。

制作方法

1. 油菜洗净、切段，用盐腌渍3个小时后，挤干水分；将猪肉末放于碗中，加入色拉油、生抽、白糖、鸡精、料酒拌匀。
2. 油锅烧热，放入姜丝炝锅，将猪肉末倒入，快速炒至变色，加入毛豆、红辣椒段、油菜段，加盐调味即可。

Part 2 畜肉类

腊肉炒荷兰豆

原料

荷兰豆200克，腊肉300克，青椒片、红椒片各30克。

调料

植物油、盐、味精、花椒、葱末、蒜末各适量。

制作方法

1. 将腊肉切成薄片；将荷兰豆洗净，搓去外面的薄皮，备用。
2. 油锅烧热，放入花椒、葱末、蒜末和青、红椒片爆炒至出香味，下入腊肉片和荷兰豆，以中火翻炒至熟透，加入盐和味精调味即可。

小提示

腊肉炒荷兰豆

● 荷兰豆具有增强机体免疫力的作用。

原料

大白菜、瘦猪肉丝各200克，青、红椒丝各适量。

调料

盐、鸡精、干淀粉、料酒、水淀粉、植物油各适量。

制作方法

1. 大白菜洗净、切丝，将切好的大白菜放入盆中，加适量的盐，用手抓匀，腌渍后挤干水分；瘦猪肉丝加干淀粉、料酒，用手抓匀。
2. 油锅烧热，放瘦猪肉丝炒至肉色变白，放入腌渍过的大白菜丝略翻炒，将青、红椒丝放锅里，翻炒均匀。
3. 接着加入少许盐、鸡精，加入水淀粉勾芡即可。

小提示

大白菜炒肉丝

● 大白菜具有健脾开胃、调理消化不良的功效。

原料

蒜薹、腊肉片各200克。

调料

植物油、盐、味精、白糖、香油、红辣椒段、蒜末各适量。

制作方法

1. 将蒜薹洗净、切段，入沸水中氽烫，捞出，沥干。
2. 油锅烧热，下腊肉片滑熟，下蒜末、红辣椒段，再下入蒜薹段，调入白糖、盐、味精煸炒，淋入香油即可。

小提示

蒜薹炒腊肉

● 蒜薹具有杀菌、调治便秘等功效。

蒜薹炒腊肉

香炒四宝

原料

猪肉150克，四季豆100克，平菇100克，彩椒块少许。

调料

植物油、酱油、干淀粉、盐、香油各适量。

制作方法

1. 四季豆择洗干净，入沸盐水中汆烫后捞出，切段；平菇去蒂后洗净，撕成小块；猪肉洗净后切片，加酱油及干淀粉拌匀，略腌渍至入味。
2. 油锅烧热，放入猪肉片炒熟，盛出，备用。
3. 油锅继续烧热，加四季豆段、平菇块、猪肉片和彩椒块翻炒至熟透，加盐和香油调味即可。

小提示

香炒四宝

● 四季豆具有增进食欲、养胃下气的功效。

苦瓜炒猪肉

原料

猪肉400克，苦瓜片、青辣椒圈、红辣椒圈各适量，蛋清少许。

调料

植物油、盐、鸡精、酱油、料酒、干淀粉、白胡椒粉各适量。

制作方法

1. 将猪肉洗净、切片，用蛋清、干淀粉、料酒、盐、酱油、白胡椒粉、鸡精腌渍。
2. 油锅烧热，放入腌渍好的猪肉片滑炒。
3. 待肉片变色后，转大火放入苦瓜片、青辣椒圈，翻炒均匀，加盐炒匀，撒入红辣椒圈略炒即可。

小提示

苦瓜炒猪肉

- 苦瓜具有清热益气、补肾健脾的功效。

原料

洋葱、猪肉各200克，青椒片、红椒片、水发木耳块各适量。

调料

植物油、姜末、蒜片、料酒、盐各适量。

制作方法

1. 把猪肉清洗干净，沥干水分后切成片，用姜末、料酒腌渍5分钟左右；把洋葱清洗干净，切成片。
2. 在油锅中倒适量植物油，烧热后放入猪肉片、蒜片翻炒。当肉八成熟时放入洋葱片、木耳块及青、红椒片一同翻炒片刻，最后倒入腌渍猪肉的汤汁，加盐调味即可。

小提示

洋葱炒肉

● 洋葱具有杀菌、促进消化的功效。

洋葱炒肉

原料

羊肉350克，洋葱条100克，青、红椒片各50克，香菜末10克。

调料

生抽5毫升，味精1克，蒜末、葱段、姜片各15克，淀粉5克，白糖3克，食用油、番茄酱、料酒、盐各适量。

制作方法

1. 将羊肉洗净、切片，加适量盐、生抽、料酒、淀粉、食用油拌匀，腌渍10分钟。
2. 炒锅热油，放入姜片、蒜末和葱段炒香。
3. 再倒入青椒片、红椒片、洋葱条、羊肉炒匀，淋入少许料酒，注入少许水翻炒，加适量盐、味精、白糖调味，再倒入番茄酱炒匀，撒上香菜末即可。

小提示

炒羊肉

● 羊肉含具有温补肝肾、温补脾胃的功效。

炒羊肉

原料

熟羊肚250克，红椒段15克。

调料

盐4克，味精1克，蚝油10毫升，姜片、葱白、蒜末、香葱花各5克，食用油、淀粉各适量。

制作方法

1. 熟羊肚洗净、切丝备用。
2. 油锅烧热，倒入姜片、蒜末、葱白爆香，倒入熟羊肚拌炒片刻。
3. 倒入红椒段，炒1分钟至熟。加少许盐、味精、蚝油调味。用少许淀粉加水勾芡，炒匀。撒入香葱花炒匀即可。

小提示

炒羊肚

● 羊肚具有补虚健胃的功效。

炒羊肚

京葱爆羊里脊

原料

羊里脊250克，红椒段20克，葱白段60克。

调料

蒜末3克，姜片2克，料酒5毫升，蚝油10毫升，味精1克，盐、淀粉、食用油各适量。

制作方法

1. 羊里脊洗净、切片，加适量盐、淀粉、食用油拌匀，腌渍10分钟。
2. 热锅注油，加蒜末、姜片、红椒段爆香，倒入葱白段。
3. 倒入羊里脊，加适量盐、料酒、蚝油、味精翻炒至熟即可。

酱爆羊肉

原料

羊肉400克，红椒条60克，蒜梗10克，姜片25克。

调料

白糖3克，蚝油、蒜叶各10克，生抽5毫升，味精1克，食用油、盐、淀粉、辣椒酱、料酒、柱侯酱各适量。

制作方法

1. 羊肉切片，加入适量盐、生抽、料酒、淀粉抓匀，腌渍。
2. 炒锅热油，放入姜片、蒜梗，再倒入红椒条略炒。
3. 倒入腌渍好的羊肉，加适量料酒、柱侯酱、辣椒酱，炒2分钟至熟透。
4. 加适量盐、白糖、味精、蚝油炒匀，再放入蒜叶，翻炒均匀即可。

小提示

京葱爆羊里脊

- 葱具有利肺通阳、发汗解表、通乳的作用。

酱爆羊肉

- 羊肉具有壮腰健肾、调理肢寒畏冷的功效。

杏鲍菇炒牛柳

原料

牛里脊肉100克，杏鲍菇200克，红椒圈、香葱段各适量。

调料

植物油、盐、料酒、酱油、水淀粉、鸡精各适量，蚝油1勺。

制作方法

1. 将杏鲍菇洗净，切长条；将牛里脊肉切成片，用盐、料酒、水淀粉腌渍15分钟。
2. 锅中加油，烧热，加入红椒圈、香葱段爆香，入杏鲍菇炒至变软后加少许酱油，翻炒片刻。加入炒好的牛肉片及蚝油，放少许鸡精翻匀即可。

小提示

杏鲍菇炒牛柳
- 牛里脊肉具有补中益气、滋养脾胃的功效。

杏鲍菇炒培根
- 培根具有健脾、开胃、消食等功效。

杏鲍菇炒培根

原料

杏鲍菇100克，培根片100克，青、红椒条各适量。

调料

花生油、盐、料酒、水淀粉各适量，蚝油3克，白糖4克，鸡精1克，香菜梗段、生抽各少许。

制作方法

1. 将杏鲍菇洗净、切片。
2. 大火烧热锅，下花生油，改中火，杏鲍菇片入锅中翻炒。
3. 翻炒至菇片收水后，下盐、白糖和蚝油调味，并炒匀，装盘备用。
4. 另起锅，大火烧至六成热，下花生油，下培根片翻炒，煸至肉片飘出焦香，再下料酒炒匀。加入水淀粉勾芡，芡汁糊化后，下青、红椒条翻炒片刻，下杏鲍菇片和香菜梗段，加少许生抽和鸡精炒匀即可。

洋葱炒五花肉

原料

五花肉300克，洋葱片70克，彩椒片20克，黑木耳10克。

调料

生抽4克，盐4毫升，味精1克，白糖3克，淀粉5克，老抽3毫升，食用油、蒜末、姜片、豆豉、料酒各适量。

制作方法

1. 五花肉洗净、切片；黑木耳泡发、撕小朵。
2. 锅置火上，加适量食用油烧热，下五花肉，炒至五花肉吐油，加老抽、生抽炒香。
3. 倒彩椒片、黑木耳、洋葱片，再倒豆豉、蒜末、姜片炒匀。加盐、味精、白糖、料酒翻炒至入味，用少许淀粉加水勾芡即可。

小提示

洋葱炒五花肉

● 洋葱具有杀菌、促进消化的作用。

茶树菇五花肉

● 五花肉具有益气、补肾、滋阴的作用。

茶树菇五花肉

原料

五花肉200克，干茶树菇50克，香葱段50克。

调料

植物油、生抽、料酒、盐、姜丝、蒜粒各适量。

制作方法

1. 茶树菇洗净，剪去根部有泥沙的部分，再剪成段，放入开水中浸泡半小时。五花肉洗净后切片。
2. 热锅放油，下五花肉，煸炒至出油。下姜丝、蒜粒炒出油后加两小勺料酒炒匀。将茶树菇与泡茶树菇的水一同倒入锅内，盖上锅盖煮约5分钟。揭开锅盖，大火将汤汁收浓一些，加入适量的盐炒匀，再放入香葱段与生抽炒匀即可。

香辣沙姜猪心

原料

香芹段100克，猪心300克，黄豆芽50克，红椒段10克，沙姜末20克。

调料

蚝油10毫升，食用油、盐、淀粉、料酒、味精、蒜末各适量。

制作方法

1. 猪心洗净、切片，加适量盐、料酒、味精拌匀，腌渍10分钟；将香芹段、黄豆芽焯水，捞出备用。
2. 另起油锅，倒入蒜末、红椒段炒香。
3. 倒入猪心片拌炒约2分钟，倒入沙姜末，加入适量盐、味精、蚝油翻炒至八成熟时，加入焯过的香芹段、豆芽翻炒至熟，用少许淀粉加水勾芡即可。

豇豆炒羊肉

原料

豇豆150克，羊肉100克，干尖椒段20克。

调料

蒜末4克，姜片3克，葱白5克，味精1克，白糖2克，生抽5毫升，蚝油10毫升，食用油、盐、料酒、淀粉各适量。

制作方法

1. 将豇豆洗净、切段；将羊肉洗净、切丝，加适量盐、料酒、生抽拌匀，腌渍片刻。
2. 热锅注油烧热，放入蒜末、姜片、葱白、干尖椒段爆香。
3. 倒入豇豆段和羊肉丝，淋上适量料酒炒香，加适量盐、蚝油、味精、白糖炒入味。用少许淀粉加水勾芡，装盘即可。

小提示

香辣沙姜猪心

● 猪心具有加强心肌营养、增强心肌收缩力的作用。

豇豆炒羊肉

● 羊肉有理中益气、健胃补肾的作用。

辣子肥肠

原料

肥肠段300克，干辣椒段10克，香葱段、洋葱丝各少许。

调料

盐、鸡精、老抽、生抽、料酒各3克，姜片、蒜末、辣椒酱、植物油各适量，水淀粉、香油各少许。

制作方法

1. 炒锅烧热，加油，放入姜片、蒜末、洋葱丝、干辣椒段炒香，烹入料酒，倒入肥肠段煸炒片刻至熟。
2. 加盐、鸡精、老抽和生抽调味，加辣椒酱略炒，放入香葱段，以水淀粉勾芡，出锅前淋入香油即可。

蒜薹炒肉丝

原料

蒜薹100克，五花肉150克，青、红辣椒段各适量。

调料

蚝油3毫升，老抽5毫升，盐3克，味精1克，白糖、料酒、食用油、辣椒酱各适量。

制作方法

1. 将蒜薹洗净，沥干水分，切段；将五花肉洗净，切丝。锅中加清水烧开，加适量食用油煮沸，倒入蒜薹搅匀，煮至七八成熟，捞出。
2. 油锅烧热，倒入五花肉丝，加老抽、白糖、料酒炒匀。
3. 倒入蒜薹和青、红辣椒段，加入盐、味精、蚝油、辣椒酱炒匀调味即可。

小提示

辣子肥肠

- 肥肠有润燥、补虚、止渴、止血的作用。

蒜薹炒肉丝

- 蒜薹具有杀菌、调治便秘的功效。

荷兰豆炒火腿

原料

荷兰豆、火腿各150克，红椒片15克，黑木耳15克。

调料

姜片3克，葱白5克，味精1克，白糖2克，食用油、盐、料酒、蚝油各适量。

制作方法

1. 荷兰豆洗净，去筋，切去两头；黑木耳泡发，洗净，撕小朵；火腿洗净，切片。
2. 锅中注油烧热，倒入火腿片，滑炒片刻，捞起。锅留底油，下姜片、葱白爆香，倒入荷兰豆和木耳，加入红椒片，淋入料酒，翻炒匀。
3. 倒入滑油后的火腿片，加适量盐、蚝油、味精、白糖炒匀即可。

腊肠炒荷兰豆

原料

腊肠300克，荷兰豆200克。

调料

蒜末、姜片各3克，蚝油10毫升，味精1克，白糖3克，盐、淀粉、食用油各适量。

制作方法

1. 将腊肠洗净、切片；荷兰豆洗净，去筋。
2. 油锅烧热，放姜片、蒜末爆香，荷兰豆炒匀。倒入腊肠片，放蚝油，倒少许清水，炒至熟透。加适量盐、味精、白糖翻炒入味即可。

小提示

荷兰豆炒火腿

● 火腿具有健脾开胃、生津益血的功效。

腊肠炒荷兰豆

● 腊肠具有开胃助食的功效。

木耳炒肉

原料

猪肉片200克，水发黑木耳100克，青红椒圈适量。

调料

植物油、老抽、醋、白糖、盐、味精、干淀粉、蒜苗叶段、姜末各适量。

制作方法

1. 猪肉片用干淀粉上浆，滑油，备用。
2. 水发黑木耳洗净，撕小朵。
3. 油锅烧热，炒香姜末、青红椒圈，下猪肉片、黑木耳炒熟，加生抽、醋、白糖、盐、味精调味，撒蒜苗叶段即可。

蒜苗炒肉丝

原料

猪瘦肉200克，彩椒丝20克，蒜苗梗100克。

调料

鸡精1克，白糖3克，味精1克，食用油、盐、淀粉各适量。

制作方法

1. 蒜苗梗洗净、切段；猪瘦肉洗净、切细丝。肉丝中加入适量盐、味精、淀粉，腌渍10分钟。
2. 锅中注水烧开后，倒入腌渍好的肉丝，1分钟后捞出。热锅注油，烧热，放肉丝，滑油片刻后捞出。锅留底油，倒入彩椒丝炒香。
3. 倒入蒜苗梗段，加适量盐、白糖调味，炒匀。倒入猪瘦肉丝，加鸡精拌炒至入味。用少许淀粉加水勾芡，拌炒均匀即可。

小提示

木耳炒肉

● 黑木耳能增强机体免疫力。

蒜苗炒肉丝

● 蒜苗具有防流感、保护肝脏的功效。

榨菜炒肉片

原料

猪里脊肉250克，榨菜头200克。

调料

干淀粉、水淀粉各少许，葱末、青红椒圈、姜丝、盐、生抽、植物油、鸡精、料酒各适量。

制作方法

1. 将榨菜头去皮、洗净、切条；猪里脊肉洗净、切片。肉片加干淀粉、少许盐、生抽、料酒抓匀，腌渍片刻。
2. 炒锅烧热，加植物油，倒入里脊肉片炒至变色。放入葱末、青红椒圈、姜丝爆炒至出香味，倒入榨菜条炒至将熟。烹入料酒，加盐、生抽、鸡精调味，以水淀粉勾薄芡即可。

小提示

榨菜炒肉片
- 榨菜具有健脾开胃、增食助神的功效。

土豆炒脆腰
- 土豆具有和中养胃、健脾利湿的功效。

土豆炒脆腰

原料

土豆300克，猪腰150克，青红椒丝10克。

调料

老抽、料酒各5毫升，鸡精3克，蚝油10毫升，淀粉、盐、食用油各适量，香菜末少许。

制作方法

1. 土豆去皮、洗净、切条；猪腰洗净、切丝，加适量盐、食用油、淀粉，腌渍片刻。将土豆和腌渍好的猪腰分别入热水焯烫，捞出备用。
2. 起油锅，放青红椒丝爆香。倒入猪腰，再淋少许料酒炒匀。倒土豆条翻炒片刻。
3. 转小火，加适量盐、鸡精、蚝油、老抽调味，用少许淀粉加水勾芡，撒上香菜末即可。

薯条炒牛肚

原料

熟牛肚300克，炸薯条250克，彩椒条50克。

调料

姜片10克，蒜末、葱末、盐、植物油、料酒、豆瓣酱、鸡精、蚝油、白糖、水淀粉、香油各适量。

制作方法

1. 将熟牛肚洗净、切条。
2. 炒锅烧热，加油，放入姜片、蒜末、彩椒条、葱末、豆瓣酱炒香。
3. 烹入料酒，倒入牛肚条和炸薯条，加盐、鸡精、蚝油、白糖调味，以水淀粉勾薄芡，淋入香油即可。

小提示

薯条炒牛肚

- 牛肚具有健脾胃、改善气血不足的功效。

鲜藕炒肉片

- 藕具有清热生津、凉血、止血的功效。

鲜藕炒肉片

原料

莲藕片300克，猪瘦肉片200克，彩椒片、四季豆段各适量。

调料

酱油2大匙，植物油、料酒、干淀粉、盐、葱花各适量。

制作方法

1. 猪瘦肉片加酱油、料酒和干淀粉抓匀，腌渍5分钟。
2. 油锅烧至六成热，用小火将猪肉片炒至八成熟，再倒入沥干水分的藕片、四季豆段和彩椒片翻炒一下，加少许盐、葱花炒匀即可。

蒜薹炒羊肚丝

原料

蒜薹250克，熟羊肚350克。

调料

味精1克，鸡精2克，淀粉、食用油、辣椒段、红彩椒丝、料酒各适量，盐3克。

制作方法

1. 将蒜薹洗净、切段；熟羊肚洗净、切丝。
2. 锅置火上，注入食用油烧热，放入辣椒段和羊肚丝，加入适量料酒，倒入切好的蒜薹和红彩椒丝炒匀。
3. 放盐、味精、鸡精调味，用少许淀粉加水勾芡即可。

小提示

蒜薹炒羊肚丝

● 羊肚具有补虚健胃、调理虚劳不足的功效。

里脊炒平菇

原料

平菇片、猪里脊肉丝各200克，红椒片、葱段各适量。

调料

植物油、甜面酱、料酒、生抽、姜末、水淀粉、盐、辣椒酱各适量。

制作方法

1. 猪里脊肉丝加料酒、生抽略腌渍后滑油，平菇片洗净。
2. 油锅烧热，炒葱段、红椒片、姜末、甜面酱、辣椒酱，下肉丝、平菇片炒匀，加盐调味，以水淀粉勾芡即可。

小提示

里脊炒平菇

● 平菇具有追风散寒、舒筋活络的作用。

辣白菜炒五花肉

原料

五花肉250克，辣白菜150克，尖椒块少许，葱白段适量。

调料

植物油、姜丝、辣椒酱各适量，盐、鸡精、水淀粉各少许。

制作方法

1. 将五花肉洗净、切片，辣白菜洗净、切块。
2. 锅内注入适量清水烧开，倒入五花肉片氽烫熟，捞出沥干。
3. 油锅中加油烧热，加姜丝炒香，入五花肉片煸炒片刻。转大火，入辣白菜块翻炒均匀。先后加尖椒块、辣椒酱、葱白段炒香。加少量水、盐、鸡精炒至入味，以水淀粉勾薄芡即可。

小提示

辣白菜炒五花肉

● 五花肉具有增强抵抗力、健脾养胃等功效。

农家小炒肉

● 五花肉具有解热功能、补肾气的功效。

农家小炒肉

原料

五花肉300克，红尖椒、青尖椒各100克，蒜20克。

调料

食用油10克，老抽、盐、白砂糖各2克，料酒3克。

制作方法

1. 五花肉洗净后切片，蒜切片，红、青尖椒去蒂、去籽后切条待用。
2. 炒锅烧热倒油，下五花肉片煸炒，炒至表皮焦香出油将肉片盛出待用。
3. 锅内留底油，下蒜片、红尖椒条、青尖椒条煸炒，炒至椒皮稍微起皮，加盐炒匀。将五花肉片下锅炒匀，放少许料酒，调入白砂糖、老抽，翻炒均匀即可。

子姜炒肉片

原料

猪里脊肉片200克，芹菜段、红椒片、子姜片各适量。

调料

植物油适量，盐、料酒、干淀粉各半小匙，酱油少许。

制作方法

1. 猪里脊肉片加料酒、酱油和干淀粉略腌，滑油，备用。
2. 油锅烧热，下芹菜段和红椒片煸炒，加盐，倒入猪里脊肉片，将子姜片连同腌肉片的汁水一起倒入锅中，翻炒熟透入味即可。

小提示

子姜炒肉片

- 子姜微温，具有益脾胃、散风寒的功效。

蚝油肉片

- 蚝油富含牛磺酸，可增强人体免疫力。

蚝油肉片

原料

猪肉片200克，洋葱片150克，青、红椒片各适量。

调料

葱末、姜末、蚝油、盐、植物油、胡椒粉、料酒、水淀粉、生抽各适量。

制作方法

1. 猪肉片加少许水淀粉、盐、料酒略腌滑油，洋葱片汆烫备用。
2. 锅中加油烧热，炒香葱末、姜末，加猪肉片、洋葱片、青椒片和红椒片炒匀，加入蚝油、胡椒粉、生抽、盐调味即可。

尖椒炒大肠

原料

熟大肠200克，尖椒50克。

调料

盐、老抽、鸡精、白糖各3克，葱段、蒜末、姜片、料酒、水淀粉、植物油各适量，辣椒粉少许。

制作方法

1. 将熟大肠切段，尖椒洗净、去籽、切段。
2. 炒锅烧热，加油，下姜片、蒜末和葱段炒至出香味，烹入料酒，倒入大肠段煸炒片刻。
3. 加尖椒段，加盐、老抽、白糖拌炒至熟透入味，加鸡精、辣椒粉炒匀调味，以水淀粉勾芡即可。

小提示

尖椒炒大肠

● 尖椒具有促进肠胃消化液分泌、促进消化的作用。

葱香羊肉

原料

羊肉300克，葱白50克。

调料

姜片、蒜末各3克，味精1克，生抽3毫升，淀粉3克，食用油、辣椒酱、盐各适量。

制作方法

1. 将葱白洗净、切段；羊肉切片，加适量盐、味精、生抽、淀粉抓匀，腌渍10分钟。
2. 将腌渍好的羊肉倒入热油锅中，炸1分钟后捞出。锅留底油，倒入姜片、蒜末、葱白段爆香，倒入滑好油的羊肉。
3. 加入适量盐、味精、辣椒酱调味，翻炒1分钟至羊肉熟透，用少许淀粉加水勾芡即可。

小提示

葱香羊肉
● 羊肉具有温补脾胃、补血温经的功效。

猪肉炒香干
● 香干具有益气宽中、生津润燥的功效。

猪肉炒香干

原料

猪肉丝150克，香干条250克，韭菜段适量。

调料

植物油、干淀粉、生抽、香油、盐各适量。

制作方法

1. 猪肉丝加入干淀粉和少许盐抓匀。
2. 锅中注油烧热，放入香干条煎黄，放入韭菜段炒香，放入猪肉丝炒散，加入盐、生抽、香油炒至熟透入味即可。

糖醋里脊

原料

猪里脊肉350克。

调料

盐3克，干淀粉、胡椒粉、生抽、水淀粉各少许，植物油、料酒、番茄酱、醋、白糖各适量。

制作方法

1. 将猪里脊肉洗净，切成略粗一点的条，加干淀粉、胡椒粉、生抽、盐、料酒抓匀，腌渍片刻。
2. 炒锅烧热，加油烧至六成热，放入肉条炸至金黄色，捞出沥油。将番茄酱、醋、白糖、水淀粉调成味汁。
3. 锅留底油烧热，烹入料酒，倒入味汁以小火慢慢炒香，倒入肉条炒匀即可。

莴笋肉片

原料

莴笋片300克，猪瘦肉片150克，鸡蛋清、蒜苗段、红椒段、姜片各适量。

调料

植物油、酱油、料酒、盐、醋、水淀粉各适量。

制作方法

1. 猪瘦肉片用盐、酱油、料酒、鸡蛋清腌渍，备用。
2. 锅中注油烧热，爆香蒜苗段、红椒段和姜片，加入肉片翻炒，再放入莴笋片和醋翻炒，用水淀粉勾芡即可。

小提示

糖醋里脊
- 猪里脊肉具有补肾养血的功效。

莴笋肉片
- 莴笋具有刺激消化酶分泌、增强胃动力的功效。

核桃仁炒猪肉

原料

核桃仁150克，香芹段200克，新鲜猪瘦肉片200克，红椒丝适量。

调料

植物油、盐、料酒、胡椒粉、姜末、葱段、酱油、干淀粉各适量。

制作方法

1. 新鲜猪肉片加酱油、料酒、胡椒粉和干淀粉拌匀腌渍，滑油，香芹段略汆烫，备用。
2. 锅内留底油烧热，炒香葱段、姜末，放入核桃仁和香芹段炒匀，放入猪肉片、红椒丝，加盐调味即可。

芦笋炒肉丝

原料

芦笋丝150克，猪瘦肉丝200克，彩椒丝、姜丝、葱丝各适量。

调料

植物油、盐、料酒、酱油、干淀粉各适量。

制作方法

1. 猪瘦肉丝加植物油、酱油、料酒和干淀粉拌匀，腌渍10分钟，滑油备用。
2. 锅内留底油烧热，炒香姜丝、彩椒丝、葱丝，下芦笋丝和瘦猪肉丝，加盐调味即可。

小提示

核桃仁炒猪肉

● 核桃仁具有补脑、美肤的功效。

芦笋炒肉丝

● 芦笋具有清热利尿、促进胎儿大脑发育的功效。

香辣腰花

原料

猪腰条350克，熟蒜薹段、红椒粒各30克。

调料

葱末少许，姜丝、蒜片、料酒、生抽、盐、植物油、香油各适量。

制作方法

1. 猪腰条加盐、生抽、料酒略腌，滑油。
2. 锅中注油烧热，下葱末、姜丝、蒜片炒香，下猪腰条、熟蒜薹段、红椒粒炒熟，加盐、香油拌匀即可。

小提示

香辣腰花

● 猪腰具有补肾益气的功效。

鸡胗炒猪肉

原料

鸡胗片、鸡肝片、猪里脊肉片、姜片、红椒段、香菜段、蒜苗叶段各适量。

调料

植物油、香油、醪糟、盐、干淀粉各适量。

制作方法

1. 鸡胗片、鸡肝片、猪里脊肉片加干淀粉和醪糟略腌过油，捞起。
2. 锅中加油烧热，炒香姜片、蒜苗叶段，加红椒段和香菜段炒熟，加入鸡胗片、鸡肝片、猪里脊肉片，加盐、香油调味即可。

小提示

鸡胗炒猪肉

● 鸡胗具有消食导滞、帮助消化的作用。

京酱肉丝

● 猪肉具有补肾养血、滋阴润燥的功效。

京酱肉丝

原料

猪里脊肉500克，葱白丝100克，青椒丝、红椒丝各少许，蛋清适量。

调料

干淀粉、料酒各少许，盐、植物油、甜面酱、白糖各适量。

制作方法

1. 猪里脊肉洗净、切丝，加干淀粉、料酒、盐、蛋清抓匀，腌渍片刻。
2. 炒锅烧热，加油，放入肉丝迅速滑散。
3. 放入盐、甜面酱、白糖、少量清水炒匀，出锅，盛盘。撒葱白丝、红椒丝、青椒丝点缀即可。

蒜苗炒肉丝

原料

猪瘦肉丝150克，蒜苗段100克，葱丝、红椒丝各适量。

调料

豆瓣酱2大匙，料酒、干淀粉、盐、植物油、酱油、味精、水淀粉、高汤各适量。

制作方法

1. 猪瘦肉丝加盐、料酒、干淀粉拌匀后略腌，滑油。将盐、酱油、味精、水淀粉、高汤制成芡汁。
2. 锅中注油烧热，加豆瓣酱炒香，加猪瘦肉丝略炒，再下入蒜苗段、葱丝、红椒丝炒至断生，倒入芡汁，大火收汁即可。

小提示

蒜苗炒肉丝

- 蒜苗具有防流感、保护肝脏的作用。

西葫芦炒肉

原料

西葫芦片500克，猪瘦肉片300克，柠檬片适量，蒜末、姜丝、彩椒片各5克。

调料

植物油、盐、料酒各适量。

制作方法

1. 瘦肉片加少许盐、料酒抓匀略腌，滑油捞出；柠檬片摆盘备用。
2. 锅内注油烧热，爆香蒜末、姜丝、彩椒片，烹入料酒，用大火炒熟瘦猪肉片、西葫芦片，加盐调味装盘即可。

白菜黑木耳炒肉

原料

猪瘦肉100克，新鲜白菜60克，水发黑木耳20克。

调料

蒜片、姜丝、葱末、干淀粉、胡椒粉、水淀粉各少许，盐、鸡精、生抽各3克，植物油、料酒、白糖各适量。

制作方法

1. 猪瘦肉洗净、切丝；白菜洗净、切丝；黑木耳择洗干净，撕成小朵。肉丝加干淀粉、胡椒粉、少许盐、鸡精、料酒抓匀，腌渍片刻。炒锅烧热，加油，下入肉片迅速滑散，炒至变色，烹入料酒，盛出备用。
2. 油锅烧热，下蒜片、葱末、姜丝炒香，下白菜丝、黑木耳、瘦猪肉丝炒熟，加盐、鸡精、生抽、白糖调味，以水淀粉勾芡即可。

小提示

西葫芦炒肉

- 西葫芦具有润泽肌肤的功效。

白菜黑木耳炒肉

- 黑木耳具有补气血、清肠胃等作用。

原料

猪肉片250克，尖椒片、红彩椒片各100克，葱段适量。

调料

盐、植物油、干淀粉、料酒、酱油、鸡精各适量。

制作方法

1. 猪肉片加料酒、酱油、干淀粉、盐略腌片刻。
2. 锅中注油烧热，加葱段炒香，放猪肉片翻炒至呈金黄色，放尖椒片、红彩椒片翻炒，加盐、鸡精调味即可。

小提示

尖椒肉片

● 猪肉具有补气养血的功效。

葱爆羊肉

原料

羊肉片250克，葱段150克，红椒片50克，胡萝卜片50克。

调料

植物油、水淀粉、胡椒粉、酱油、姜丝、蒜片、料酒、香油、白糖、盐、味精各适量。

制作方法

1. 羊肉片加盐、料酒、酱油、胡椒粉略腌，过油盛出。
2. 锅内注油烧热，炒香姜丝、蒜片、红椒片，下葱段、胡萝卜片和羊肉片炒熟，烹入盐、白糖、味精、加水淀粉勾芡、淋入香油即可。

小提示

葱爆羊肉

● 葱具有利肺通阳、发汗解表的功效。

茶树菇炒猪肚

● 猪肚具有滋阴补肾、益气开胃的功效。

茶树菇炒猪肚

原料

熟猪肚丝200克，茶树菇段150克，香芹段30克，青椒丝、红椒丝各15克，姜片、蒜瓣各适量。

调料

盐、鸡精各3克，植物油、蚝油、料酒、白糖、老抽、水淀粉、香油各适量。

制作方法

1. 茶树菇段、香芹段入沸水锅中略汆烫，捞出沥干。
2. 炒锅烧热，加油，下姜片、蒜瓣炒香，倒入青椒丝、红椒丝略炒。
3. 烹入料酒，倒入猪肚丝煸炒片刻。下茶树菇段、香芹段略炒，加盐、鸡精、蚝油、白糖和老抽调味，以水淀粉勾芡，淋入香油即可。

茭白炒肉片

小提示

茭白炒肉片

● 茭白味甘、微寒，具有祛热、生津、止渴、利尿、除湿的作用。

原料

猪瘦肉片450克，茭白片、葱段、红椒片各适量。

调料

植物油、料酒、酱油、甜面酱、水淀粉、姜末、蒜末各适量。

制作方法

1. 猪瘦肉片加料酒、酱油略腌，滑油。
2. 锅内加油烧热，下葱段、姜末、蒜末、红椒片炒香，下茭白片，炒至变软。
3. 加甜面酱煸炒，加少量清水；倒入肉片炒匀，用水淀粉勾芡即可。

熘肝片

原料

净猪肝片、洋葱片、青椒片、红椒片各适量。

调料

植物油、料酒、盐、酱油、五香粉、姜末、蒜末、水淀粉、花椒油、辣椒粉各适量。

制作方法

1. 猪肝片加五香粉、料酒略腌，滑油。
2. 锅中注油烧热，炒香姜末、蒜末、青椒片、红椒片、洋葱片，下入猪肝片炒至将熟，酱油、盐、花椒粉、辣椒粉调味，用水淀粉勾芡即可。

彩椒炒猪肝

原料

新鲜猪肝150克，红椒片、青椒片、洋葱片各适量。

调料

盐、鸡精各3克，葱末、姜末、植物油、料酒、蚝油、干淀粉、水淀粉各适量。

制作方法

1. 将猪肝处理干净、切片，加盐、料酒和干淀粉拌匀略腌，倒入热油锅中迅速滑散，捞出沥油。
2. 锅留油烧热，放入葱末、姜末炒香，放入青椒片、洋葱片、红椒片略炒，放入猪肝片略煸。烹入料酒，加盐、鸡精、蚝油调味，以水淀粉勾芡即可。

小提示

熘肝片

- 洋葱具有杀菌、促消化的功效。

彩椒炒猪肝

- 猪肝具有补血、补充维生素A的功效。

原料

猪腰片300克，洋葱丝50克，彩椒片、彩椒粒各适量。

调料

胡椒粉半小匙，料酒1小匙，蚝油1大匙，水淀粉1大匙，姜末、蒜末、植物油、甜面酱各适量。

制作方法

1. 猪腰片汆烫，沥干，切花；盘底放置洋葱、彩椒片。
2. 锅内注油烧热，加姜末、蒜末、甜面酱炒香，放入腰花和彩椒粒，加胡椒粉、料酒、耗油炒熟，加水淀粉勾芡，装盘即可。

小提示

酱炒腰花

● 猪腰具有补肾、益气的作用。

酱炒腰花

鱿鱼炒腰花

原料

猪腰花、鱿鱼花各100克，水发木耳片10克，青、红椒片各少许。

调料

姜末、蒜末、胡椒粉、料酒、蚝油、盐、植物油、水淀粉各适量。

制作方法

1. 鱿鱼花、猪腰花分别汆烫，水发木耳撕小朵。
2. 油锅烧热，放入姜末、蒜末与青、红椒片炒香，放入猪腰花、鱿鱼花和木耳，放入胡椒粉、料酒、蚝油和盐，用水淀粉勾芡即可。

小提示

鱿鱼炒腰花

● 猪腰花具有补充蛋白质和维生素A的功效。

锅包肉

● 猪肉具有补气养虚的功效。

锅包肉

原料

猪里脊肉350克，红椒丝20克，鸡蛋1个。

调料

干淀粉、面粉各少许，葱丝、姜丝、香菜叶、盐、生抽、鸡精各3克，料酒、白糖、植物油、香醋、番茄酱各适量。

制作方法

1. 猪里脊肉洗净、切片；鸡蛋打散成鸡蛋液；面粉加鸡蛋液和少许清水和成炸浆，备用。
2. 肉片加干淀粉、盐、料酒抓匀略腌渍，倒入炸浆中。将肉片裹好炸浆，一片一片地放入热油锅中炸至外酥里嫩，捞出沥油。
3. 锅留底油烧热，放入葱丝、姜丝、红椒丝炒至出香味，加少许清水和生抽、鸡精、白糖、香醋、番茄酱煮成芡汁，倒入炸好的肉片炒匀，撒上香菜叶即可。

鱼香肉丝

原料

猪瘦肉100克，水发黑木耳、红椒丝各50克。

调料

蒜末、葱末、葱段各少许，盐、生抽、鸡精各3克，植物油、豆瓣酱、料酒、醋、干淀粉、水淀粉各适量。

制作方法

1. 将猪瘦肉洗净、切丝；水发黑木耳择洗干净，切丝氽烫。猪肉丝装入碗中，加部分盐、生抽、料酒抓匀，干淀粉上浆。
2. 炒锅烧热，加油，放腌渍好的猪肉丝滑油炒散，盛出备用。
3. 锅留油烧热，加蒜末、葱段、葱末、豆瓣酱炒香，下猪肉丝略炒。
4. 然后倒入黑木耳丝、红椒丝翻炒片刻。加剩余的盐、生抽、鸡精、料酒和醋炒匀，以水淀粉勾芡即可。

小提示

鱼香肉丝
- 猪瘦肉有益气、补肾、滋阴的作用。

腊肉炒凉薯
- 凉薯有清凉去热的作用。

腊肉炒凉薯

原料

凉薯片、腊肉丝各200克，水发黑木耳丝、葱段各适量。

调料

植物油、料酒、酱油、水淀粉各适量。

制作方法

1. 锅中加油烧热，放入腊肉丝煸炒，放入凉薯片、木耳丝、葱段。
2. 烹入料酒，加入酱油，以水淀粉勾薄芡即可。

茶树菇炒腊肉

原料

水发茶树菇200克，腊肉片150克、葱段、蒜片各适量。

调料

植物油、盐、豆瓣酱、生抽各适量。

制作方法

1. 锅中加油烧热，下蒜片、葱段、豆瓣酱炒香。
2. 下茶树菇和腊肉片翻炒，加盐和生抽调味即可。

小提示

茶树菇炒腊肉

● 茶树菇性平甘温、有利尿渗湿、健脾止泻的功效。

肥肠炒苦瓜

原料

新鲜苦瓜150克，熟肥肠80克，红椒圈20克，姜片少许。

调料

植物油、盐、料酒、白糖、味精各适量。

制作方法

1. 将苦瓜处理干净、切片，熟肥肠切段。苦瓜片入沸水锅中略汆烫，捞出沥干备用。
2. 炒锅烧热，加油，放入姜片炒至出香味，放入红椒圈略炒。
3. 倒入肥肠段、苦瓜片煸炒片刻。烹入料酒，加盐、白糖和味精调味即可。

小提示

肥肠炒苦瓜

● 苦瓜具有清热消暑、养血益气、补肾健脾、滋肝明目的功效。

肉末炒豆芽

● 黄豆芽具有清热明目、补气养血的功效。

肉末炒豆芽

原料

黄豆芽200克，肉末100克，青、红椒碎各适量。

调料

盐1小匙，白胡椒粉、鸡精各少许，植物油、葱段各适量。

制作方法

1. 锅置火上，倒入适量植物油，用小火炒香肉末、葱段、青椒碎和红椒碎，加入黄豆芽及盐、白胡椒粉，大火快炒30秒。
2. 最后加入鸡精拌匀即可。

萝卜干炒腊肉

原料

腊肉100克，萝卜干250克，红椒圈适量。

调料

植物油、盐、鸡精、老抽、料酒、白糖、葱段、姜末各适量。

制作方法

1. 将萝卜干用清水泡发洗净，腊肉切片。腊肉入沸水锅中汆烫熟，取出晾凉。
2. 炒锅烧热，加油，放入葱段、姜末、红椒圈炒香，放入腊肉片、萝卜干翻炒片刻。烹入料酒，加盐、鸡精、老抽、白糖调味即可。

小提示

萝卜干炒腊肉

● 萝卜为寒凉蔬菜，脾胃虚寒者不宜多食。

红条腊肉

● 腊肉具有增进食欲的功效。

红条腊肉

原料

腊肉片500克。

调料

盐、味精、胡椒粉、植物油、杭椒末、蒜片各适量。

制作方法

1. 锅内放油烧热，放入蒜片、杭椒末爆香，捞出蒜片、杭椒末。
2. 放入腊肉片炒至出油或变色，调入盐、胡椒粉入味，出锅前加入味精即可。

腊肉炒圆白菜

原料

新鲜圆白菜250克，腊肉150克，红椒片、葱段各适量。

调料

盐、鸡精各3克，白糖、食用油、蚝油、蒜片各适量，水淀粉少许。

制作方法

1. 将圆白菜去掉外面的老皮，洗净切块；腊肉洗净，切片。锅中注入适量的清水烧开，倒入圆白菜块略汆烫，捞出沥干。
2. 炒锅烧热，加油，倒入腊肉片煸炒片刻。放入红椒片、葱段、蒜片炒香。倒入圆白菜块煸炒。加盐、鸡精、白糖和蚝油调味，以水淀粉勾芡即可。

芹菜炒腊肠

原料

腊肠片200克，芹菜段150克，荷兰豆100克。

调料

盐、鸡精、食用油各适量。

制作方法

1. 荷兰豆去两头及豆筋，汆烫备用。
2. 锅内加油烧热，下入腊肠片煸炒出香味，再放入荷兰豆和芹菜段用大火煸炒，最后放盐、鸡精调味即可。

小提示

腊肉炒圆白菜

● 腊肉具有开胃祛寒、消食等功效。

芹菜炒腊肠

● 芹菜具有镇静安神、促进消化的功效。

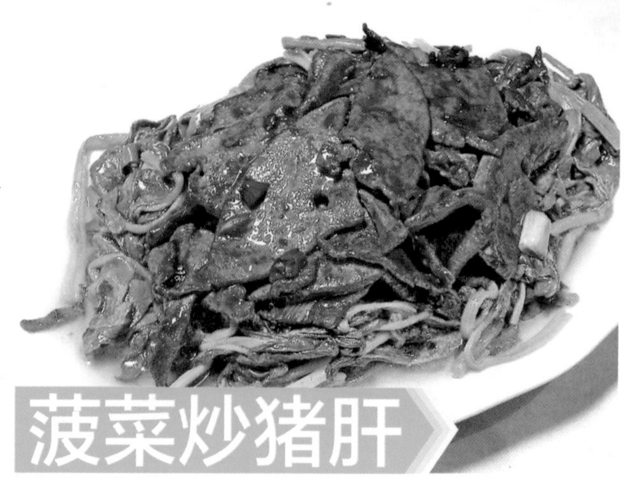

菠菜炒猪肝

原料

熟猪肝片、菠菜段各150克。

调料

姜丝10克，干辣椒末少许，植物油、料酒、酱油、白糖、盐各适量。

制作方法

锅中加油烧热，放姜丝、菠菜段，以中火炒至软，再放入猪肝片翻炒，放入料酒、酱油、干辣椒末、盐、白糖，大火炒至熟透入味即可。

葱香牛肉

原料

牛肉250克，香葱花100克。

调料

味精1克，白糖3克，小苏打2克，姜片、蒜末各3克，蚝油10毫升，生抽5毫升，盐、料酒、豆瓣酱、食用油、淀粉各适量。

制作方法

1. 将牛肉洗净、切片，加适量盐、生抽、小苏打、淀粉拌匀，腌渍片刻。
2. 热锅注油，烧热，倒牛肉片，滑油片刻后捞出。
3. 锅留底油，放姜片、蒜末炒香。倒牛肉片，加适量盐、味精、白糖，再加入蚝油、豆瓣酱、料酒，炒匀至入味。葱花摆入盘中，将炒好的牛肉盛入盘中即可。

菠菜炒猪肝

● 猪肝具有补血、明目的功效。

葱香牛肉

● 牛肉具有提高机体抗病能力的功效。

蒜苗炒牛肉

原料

新鲜牛肉350克，蒜苗150克，红椒丝少许。

调料

姜丝、干淀粉各少许，盐、生抽、鸡精各3克，植物油、料酒、蚝油各适量。

制作方法

1. 牛肉洗净、切片，蒜苗洗净、切段。牛肉片加干淀粉、盐、生抽、鸡精、料酒抓匀，腌渍片刻。油锅烧热，倒入牛肉片滑散，盛出，沥油。
2. 炒锅烧热，加油，放入姜丝炒香。烹入料酒，倒入牛肉片炒至将熟，加盐、生抽、鸡精、蚝油调味，倒入蒜苗段和红椒丝煸炒片刻即可。

小提示

蒜苗炒牛肉

● 牛肉具有提高机体免疫力、益气补血的功效。

粉条炒羊肉

原料

新鲜羊肉400克，熟粉条300克。

调料

葱丝、姜丝、干椒碎、干淀粉各少许，盐、植物油、料酒、生抽、白糖、孜然粉各适量。

制作方法

1. 将羊肉洗净、切片，加干淀粉、盐、料酒、生抽抓匀，腌渍片刻。
2. 炒锅烧热，加油，放入葱丝、干椒碎、姜丝炒香。
3. 烹入料酒，放入羊肉片滑炒至将熟，放入孜然粉，放入粉条炒匀，加盐、生抽、白糖调味即可。

小提示

粉条炒羊肉

● 粉条具有补充膳食纤维和矿物质的作用。

青椒炒羊肝

● 羊肝具有益血、补肝、明目等功效。

青椒炒羊肝

原料

羊肝片450克，青椒片100克，红椒片50克。

调料

葱花、蒜片各少许，植物油、盐、酱油、料酒、味精、水淀粉、香油各适量。

制作方法

1. 羊肝片加少许水淀粉抓匀，滑油。
2. 锅中注油烧热，下入葱花、蒜片炒香，加入羊肝片炒匀，加入青椒片和红椒片，加入盐、酱油、料酒和味精翻炒，以水淀粉勾芡，淋入香油即可。

原料

熟羊肚250克，熟羊肉200克，蒜薹段100克，彩椒片适量。

调料

姜片、蒜末各少许，盐半小匙，鸡精少许，植物油、料酒、蚝油、水淀粉各适量。

制作方法

1. 将熟羊肚切成片，羊肉切块备用。
2. 炒锅烧热，加油，下姜片、蒜末炒至出香味，烹入料酒，下羊肚片、羊肉块煸炒片刻。
3. 倒入彩椒片、蒜薹段翻炒片刻，加入盐、蚝油翻炒至熟透入味，然后加鸡精拌匀调味，以水淀粉勾芡即可。

蒜薹炒羊肚

牛肉炒蒜薹

原料

牛里脊肉丝、蒜薹段、红椒条各适量。

调料

植物油、老抽、料酒、干淀粉、盐各适量。

制作方法

1. 牛里脊肉丝加料酒、老抽、干淀粉略腌后滑油。
2. 锅留油烧热，下红椒条、蒜薹段煸炒，加清水略烧，下肉丝炒熟，加盐调味即可。

小提示

蒜薹炒羊肚

- 羊肚具有补虚、健脾胃的功效。

牛肉炒蒜薹

- 蒜薹具有活血、杀菌的作用。

酱炒蘑菇五花肉

原料

五花肉片、平菇块、干辣椒段、葱段各适量。

调料

辣椒酱、老抽、香油、盐各半小匙，植物油、干淀粉、生抽、白糖、料酒各适量。

制作方法

1. 五花肉片加干淀粉、生抽、白糖、料酒拌匀，腌渍，滑油。
2. 锅中注油烧热，放入辣椒酱、干辣椒段、葱段炒香，下五花肉片、平菇块炒熟，加入老抽、盐、香油炒匀即可。

小提示

酱炒蘑菇五花肉
- 平菇具有增强免疫力、调理疾病的功效。

冬笋炒牛肉
- 冬笋具有止血、通便、养肝等作用。

原料

牛肉片200克，冬笋片、红椒片、青椒片各适量。

调料

盐、红酒各1小匙，酱油半小匙，水淀粉1/4小匙，蒜片、植物油各适量。

制作方法

1. 牛肉片用盐和水淀粉略腌。
2. 油锅烧热，放入牛肉片过油，捞出；冬笋片焯水备用。
3. 锅中留少许油烧热，爆香蒜片和青、红椒片，加冬笋片和牛肉片拌炒，倒酱油、红酒和水调匀即可。

冬笋炒牛肉

韭黄炒牛肉

原料

牛肉200克，新鲜韭黄150克，红椒丝、姜丝各少许。

调料

干淀粉、水淀粉、鸡精各少许，盐、生抽各3克，植物油、料酒各适量。

制作方法

1. 牛肉洗净、切丝，韭黄择洗干净，切段。牛肉片加干淀粉、盐、生抽、料酒抓匀，腌渍片刻。炒锅烧热，加油，倒入牛肉片迅速滑散，炒至变色，捞出。
2. 炒锅再次烧热，加油，放入红椒丝、姜丝炒香，倒入韭黄段，烹入料酒，倒入牛肉片略炒，加盐、生抽、鸡精调味，以水淀粉勾芡即可。

酱香牛柳

原料

牛里脊肉条250克，洋葱丝、黄瓜条、红椒丝各适量。

调料

植物油、酱油、甜面酱、白糖、水淀粉、醪糟、白芝麻、盐各适量。

制作方法

1. 牛里脊肉条加酱油、醪糟、白糖、水淀粉抓匀略腌。
2. 锅中加油烧热，倒入甜面酱略炒，加入牛肉条。
3. 黄瓜条、洋葱丝摆盘，倒入炒好的牛肉条，撒上白芝麻和红椒丝即可。

小提示

韭黄炒牛肉
- 韭黄具有补肾益胃的功效。

酱香牛柳
- 牛肉具有提高机体抗病能力的功效。

芹菜炒牛肉丝

原料

新鲜牛肉丝250克，芹菜段100克。

调料

番茄酱、食用油、盐、生抽各适量，姜丝、花椒各少许，香油半小匙。

制作方法

1. 炒锅烧热，注油，倒入牛肉丝和番茄酱炒至将熟，盛出沥油。
2. 油锅留少许油烧热，加姜丝、花椒炒香。
3. 倒入牛肉丝炒匀，倒入芹菜段炒至断生，加生抽、盐调味，淋入香油即可。

蚕豆炒腊肉

原料

腊肉片200克，蚕豆粒100克，红椒片适量。

调料

盐、蚝油、水淀粉、油、蒜末各少许。

制作方法

锅内注油烧热，放入蒜末炒香，放入腊肉片、蚕豆粒、红椒片、盐炒匀，调入蚝油炒1分钟，最后用水淀粉勾芡即可。

小提示

芹菜炒牛肉丝

● 牛肉具有增强免疫力、增长肌肉的功效。

蚕豆炒腊肉

● 腊肉具有增进食欲的功效。

咖喱牛肉

原料

牛肉片200克，熟豇豆段150克，青花椒果50克，红辣椒丝适量。

调料

蒜末、咖喱、植物油、盐、糖各适量。

制作方法

锅中加油烧热，爆香蒜末、红辣椒丝、青花椒果，下牛肉片和豇豆段翻炒至变色，加入咖喱、盐、糖炒匀即可。

小提示

咖喱牛肉

● 牛肉具有补脾胃、益气血、强筋骨等作用。

洋葱炒牛肉

● 洋葱具有杀菌、促进消化等功效。

洋葱炒牛肉

原料

新鲜牛肉350克，洋葱100克，蛋清适量。

调料

熟芝麻、姜片、葱末、干淀粉各少许，盐、生抽、鸡精各3克，料酒、黑胡椒粉、食用油各适量。

制作方法

1. 牛肉洗净、切片，洋葱去皮、洗净、切丝。牛肉片加干淀粉、盐、生抽、料酒、蛋清抓匀，腌渍片刻。炒锅烧热，加油，倒入牛肉片滑熟，盛出备用。
2. 炒锅再次烧热，加油，放入姜片、洋葱丝炒香。烹入料酒，倒入牛肉片煸炒片刻，加黑胡椒粉炒匀，加盐、生抽、鸡精调味，撒上熟芝麻和葱末即可。

葱爆牛肉

原料

牛肉片300克，葱白段100克，红椒丁50克。

调料

干淀粉15克，香辣酱10克，盐、白糖、料酒、酱油、食用油各适量。

制作方法

1. 锅中注油烧热，牛肉片加盐、干淀粉抓匀略腌，入油锅滑油，捞出。
2. 锅留油加热，下香辣酱、葱白段爆香，调入料酒，放入红椒丁、牛肉片翻炒，加白糖、盐、酱油调味即可。

小提示

葱爆牛肉

● 牛肉具有提高身体机能、健胃养脾、益气补血的功效。

胡萝卜炒牛肉

● 胡萝卜具有增强抵抗力、明目的功效。

胡萝卜炒牛肉

原料

牛肉片、胡萝卜片各200克，香葱段少许。

调料

盐、料酒、胡椒粉、酱油、干淀粉、水淀粉、食用油各适量。

制作方法

1. 锅中加油烧热，牛肉片加料酒、胡椒粉、酱油、干淀粉拌匀，略腌，入油锅滑油，捞出。
2. 锅留油烧热，下胡萝卜片、牛肉片和少量水炒熟，加盐调味，用水淀粉勾薄芡，撒香葱段即可。

滑蛋炒牛肉

原料

牛肉片100克，西红柿200克，葱花、葱段、鸡蛋液各适量。

调料

盐、醪糟、高汤、干淀粉、植物油各适量。

制作方法

1. 牛肉片加入淀粉抓匀，放入沸水中汆烫，捞出；西红柿入沸水中焯烫，切块；鸡蛋液炒成蛋块。
2. 将盐、醪糟、高汤放入小碗中调匀成料汁。
3. 锅中放油烧热，炒香葱段，放入牛肉片、蛋块和西红柿块，倒入料汁炒匀，撒上葱花即可。

小提示

滑蛋炒牛肉

● 鸡蛋性味甘，可补肺养血、滋阴润燥。

小炒羊肉

原料

羊肉300克，洋葱100克，青椒片、红椒片各适量。

调料

植物油、盐、香菜末各适量，淀粉少许，胡椒粉、鸡精各2克，生抽5克，香油3克。

制作方法

1. 洋葱洗净、切条；把羊肉洗净、切薄片，用生抽、淀粉、胡椒粉、香油拌匀，腌制入味。
2. 锅中热油，加羊肉片滑散，炒至变色捞出。锅留底油烧热，加洋葱条翻炒出香味，下青椒片、红椒片炒匀，加羊肉片炒匀，加盐、生抽、鸡精调味，撒香菜末即可。

小炒黄牛肉

原料

黄牛肉500克，朝天椒100克。

调料

生粉、盐、老抽、植物油、剁椒酱、葱丝、姜丝、鸡精、胡椒粉各适量。

制作方法

1. 黄牛肉洗净，切片，加生粉、盐、老抽腌制。朝天椒切片备用。
2. 锅中注油烧热，放剁椒酱、葱丝、姜丝炒香，下入牛肉片扒熟，下入朝天椒片，加少量盐、鸡精、胡椒粉调味即可。

小提示

小炒羊肉

● 羊肉具有温补脾胃、补血温经的功效。

小炒黄牛肉

● 黄牛肉具有健脾养胃、补血养血的功效。

Part 3 水产类

芹菜炒虾米

原料

芹菜100克，虾米150克，红椒条适量。

调料

盐、味精、食用油、料酒、香油、葱末、姜末各适量。

制作方法

1. 芹菜去叶及老根，洗净，切成段，入沸水锅中汆烫，捞出冲凉，沥干。虾米用清水泡发，洗净，捞出，备用。
2. 锅中倒油烧热，炒香葱末、姜末，下入虾米略炒，然后烹入料酒、盐、味精和少许清水烧开，放入芹菜段及红椒条翻炒均匀，出锅前淋上香油即可。

小提示

芹菜炒虾米

● 芹菜有健胃利血、洁肠利便、润肺止咳、健脑镇静等作用。

虾米炒冬瓜

● 冬瓜具有护肾、清热化痰等功效。

虾米炒冬瓜

原料

净冬瓜片200克，虾米（泡软）50克，红椒丝适量。

调料

葱丝、姜末、盐、食用油各适量，料酒10克。

制作方法

1. 冬瓜片用少许盐腌5分钟，沥干，下油锅中过油，捞出，备用。
2. 锅中放油烧热，放入葱丝、姜末爆香，加冬瓜片及适量水、虾米、料酒、盐，翻炒至入味，撒上红椒丝即可。

黄瓜木耳炒鲜鱿

原料

黄瓜片100克，水发黑木耳70克，净鱿鱼卷200克，红椒片10克。

调料

味精1克，鸡精1克，蚝油5毫升，淀粉、食用油、料酒、盐各适量，姜片3克。

制作方法

1. 将水发黑木耳洗净、撕碎；鱿鱼卷加适量盐、料酒、味精、淀粉拌匀，腌渍10分钟。
2. 锅中注水烧开，加适量盐和食用油。倒入黑木耳，煮沸后捞出。倒入鱿鱼，煮沸后捞出。
3. 锅中注油烧热，倒入红椒片、姜片爆香，倒入鱿鱼，加入适量料酒炒匀，倒入黄瓜片翻炒至熟。
4. 加入黑木耳，调入适量盐、蚝油、鸡精炒匀。用少许淀粉加水勾芡即可。

小提示

黄瓜木耳炒鲜鱿

● 鱿鱼具有防治贫血、补充蛋白质的功效。

碧绿凤尾虾

原料

虾、青笋各300克，鸡蛋清适量。

调料

干淀粉、盐、料酒、高汤、植物油、姜片各适量。

制作方法

1. 青笋洗净、切片，入沸水中汆烫1分钟，捞出过凉，沥水。虾剥壳去虾线，留尾壳，先用盐擦洗再用水冲净，擦干水，加盐、干淀粉及鸡蛋清抓匀，入冰箱冷藏1个小时。
2. 锅中注油烧热，放虾仁，大火过油，至虾仁变色时捞出，沥净油，备用。
3. 锅中留底油烧热，下入姜片爆香，放入笋片炒熟，加少许盐调味，并加入少许高汤翻炒，放虾仁，淋少许料酒炒匀即可。

盐水虾

原料

草虾300克，薄荷叶少许。

调料

米酒15毫升，姜末、葱末、盐、植物油各少许。

制作方法

1. 草虾去虾线，放清水中浸泡，洗净。锅置火上，倒水烧开，放米酒、盐、葱末、姜末和处理过的草虾，以大火煮1分钟，熄火后再闷1分钟，捞起。
2. 锅中注油烧热，爆香葱末、姜末，加入煮好的草虾和盐，大火快速炒拌匀，盛出点缀上薄荷叶即可。

小提示

碧绿凤尾虾

● 青笋具有助消化、利尿通乳的功效。

盐水虾

● 虾具有增强人体免疫力、缓解神经衰弱的功效。

豆豉炒鱼片

原料

去骨草鱼肉400克，姜片、蒜片各3克。

调料

白糖2克，蚝油5毫升，豆豉5克，生抽3毫升，淀粉、盐、食用油各适量，味精1克。

制作方法

1. 草鱼肉切片，加适量盐、淀粉拌匀，腌渍10分钟。
2. 锅中注油烧热，倒入草鱼片滑熟，捞出装盘。
3. 锅留底油，加入豆豉、蒜片、姜片炒香，加入蚝油、生抽炒匀，倒入少许清水煮沸，再加入适量盐、味精、白糖调味，用淀粉加水勾芡即可。

小提示

豆豉炒鱼片
- 草鱼肉具有开胃、补硒的作用。

韩式辣炒鱿鱼
- 鱿鱼具有防治贫血、补充蛋白质的功效。

韩式辣炒鱿鱼

原料

鱿鱼段200克，洋葱片、香菇片各150克，韭菜段适量。

调料

鸡精、辣椒酱、蒜末、白糖、姜末、盐、植物油各适量。

制作方法

1. 将鱿鱼段入沸水中汆烫后捞出沥干。
2. 锅中注油烧热，爆香蒜末、姜末，入鱿鱼段略炒后放入洋葱片、韭菜段、香菇片炒熟，加鸡精、盐、辣椒酱、白糖炒匀即成。

劲霸鱿鱼须

原料

鱿鱼须段300克，香芹15克。

调料

干辣椒段、姜片、酱油、料酒、白糖、盐、植物油各适量。

制作方法

1. 将鱿鱼须段洗净，用酱油、料酒、白糖、盐腌制15分钟。
2. 锅内加油烧热，爆香姜片、干辣椒段，入香芹段，略炒，加盐调味，下入鱿鱼须段，大火翻炒片刻即成。

小提示

劲霸鱿鱼须

● 鱿鱼具有防治贫血、补充蛋白质的功效。

客家小炒鱿鱼

● 蒜薹具有杀菌、防治便秘的功效。

客家小炒鱿鱼

原料

水发鱿鱼300克，蒜薹段50克，青、红椒片50克。

调料

姜末、葱段、蒜末各10克，酱油、料酒各15克，白糖、盐、植物油各适量。

制作方法

1. 水发鱿鱼去外膜，洗净，切段。
2. 锅中加油烧热，放入姜末、葱段爆香，放鱿鱼段、蒜薹爆炒，加入青、红椒片和蒜末同炒，再放入料酒、盐、酱油、白糖炒入味，盛出即成。

原料

黄鳝500克，葱、姜、大蒜各100克。

 调料

料酒、胡椒粉、酱油、鸡精、盐、植物油各适量。

制作方法

1. 黄鳝杀掉去肠，洗净、切段；葱洗净、切段；大蒜去皮，切碎；姜切块。
2. 锅中加油烧热，下葱段、蒜瓣、姜块爆香，加料酒、胡椒粉、酱油，加鳝段炒匀，加一点点水，收汁，加鸡精、盐调味即可。

小提示

姜葱炒鳝段

● 鳝鱼具有补中益气、温阳补脾的功效。

姜葱炒鳝段

蒜炒鳝片

原料

鳝鱼1条，蒜300克，彩椒片适量。

调料

姜末、葱末、干淀粉、料酒、盐、植物油各适量。

制作方法

1. 鳝鱼清理干净，切成片，用盐、干淀粉、姜末腌渍10分钟左右。蒜洗净切末。
2. 锅中加油烧热，爆香姜末、葱末、彩椒片，把鳝肉放进锅中翻炒。当鳝肉八成熟时倒入蒜末，加入料酒、盐调味即可。

蛤蜊丝瓜

原料

蛤蜊300克，丝瓜段200克。

调料

盐1小匙，鸡精2小匙，米酒1大匙，葱丝、蒜末、姜丝各适量，香油、植物油各少许。

制作方法

1. 蛤蜊浸泡于清水中吐净沙，备用。
2. 锅中加油烧热，爆香葱丝、姜丝、蒜末，放盐、鸡精、米酒，再放丝瓜段、蛤蜊，中火翻炒至蛤蜊开口，淋上香油即成。

小提示

蒜炒鳝片

● 鳝鱼具有补中益气、温阳益脾的功效。

蛤蜊丝瓜

● 蛤蜊具有滋阴生津、利小便的功效。

辣椒炒文蛤

原料

文蛤300克，红辣椒、青辣椒各1个。

调料

蒜末、姜末、葱段各适量，料酒3小匙，酱油2小匙，盐、植物油各少许。

制作方法

1. 将文蛤放入水中浸泡，加少许盐，使之吐净泥沙；红、青辣椒分别清洗干净，切成片。
2. 锅中注油烧热，放入蒜末、葱段、姜末和红、青辣椒片爆香，放入浸泡好的文蛤翻炒几下，烹入料酒，再炒几下，然后烹入酱油。待文蛤基本上都张开了，放少许盐，翻炒均匀即成。

小提示

辣椒炒文蛤
- 文蛤具有润五脏、止消渴、健脾胃的功效。

爆炒鳝鱼
- 鳝鱼具有补中益气、温阳益脾的功效。

爆炒鳝鱼

原料

鳝鱼3条，干辣椒段、蛋清各适量。

调料

盐、味精、白糖、料酒、干淀粉、胡椒粉、食用油各适量。

制作方法

1. 鳝鱼洗净、切段，加盐、干淀粉、蛋清上浆。
2. 油锅中注油烧热，下鳝鱼段煸炒，熟后捞出。
3. 锅中留油，爆香干辣椒段，倒入鳝鱼段，加料酒、盐、味精、白糖、胡椒粉炒匀即成。

清炒蛤蜊

原料

蛤蜊500克，蒜末、姜末、红椒丝、葱末、葱白丝各适量。

调料

酱油3大匙，干辣椒20克，米酒、白糖各1大匙，盐、醋、植物油各少许。

制作方法

1. 将蛤蜊浸泡于水中吐净泥沙。
2. 锅中注油烧热，爆香葱末、干辣椒，放入蛤蜊爆炒。炒至蛤蜊全部开口，关火晾凉，开小火加入姜末、葱白丝、蒜末、红椒丝，调入酱油、米酒、白糖、盐、醋炒匀即可。

小提示

清炒蛤蜊

● 蛤蜊具有滋阴生津、利小便的功效。

辣椒炒鱿鱼

● 鱿鱼具有防治贫血、补充蛋白质的功效。

辣椒炒鱿鱼

原料

鱿鱼3只，青、红辣椒段适量。

调料

葱段、姜末、蒜末、盐、胡椒粉、植物油各适量。

制作方法

1. 鱿鱼洗净，切花刀，入沸水中汆烫捞出备用。
2. 锅中加油烧热，爆香葱段、姜末、蒜末，加入青、红辣椒段，翻炒到八成熟。加入鱿鱼，再加入盐、胡椒粉，翻炒2分钟装盘即可。

原料

螃蟹500克，小米椒20克，姜丝25克。

调料

盐、味精、水淀粉各5克，香菜叶适量，黄酒15克，酱油10克，白砂糖3克，香油2克，植物油75克，胡椒粉1克。

制作方法

1. 螃蟹剁开，去蟹盖，刮掉鳃，洗净；剁去螯，螯壳拍破，待用。
2. 锅中注油烧热，爆香姜丝、小米椒，下蟹块炒匀。加盖略烧，锅内水分将干时，加入盐、味精、黄酒、酱油、白砂糖、胡椒粉等炒匀，淋入香油，用水淀粉勾芡，撒上香菜叶即可。

特色炒螃蟹

原料

田螺400克，干辣椒段、葱段、姜片、蒜片各适量。

调料

泡椒末、盐、味精、白糖、料酒、花椒、红油、植物油各适量。

制作方法

1. 锅中注油烧热，爆香葱段、姜片、蒜片、干辣椒段、花椒，放田螺、料酒、清水、盐，煮8分钟。
2. 放泡椒末炒匀，加料酒、白糖、盐炒至入味，放入味精，淋入红油即成。

辣炒田螺

小提示

特色炒螃蟹

- 螃蟹具有清热解毒、滋肝阴的功效。

辣炒田螺

- 田螺具有清热解暑、利尿止渴、醒酒的作用。

韩式鱿鱼

原料

鱿鱼条200克，生菜叶适量。

调料

蒜末、姜片、葱末、料酒、韩式辣酱、盐、白糖、生抽、味精、植物油各适量。

制作方法

1. 沸水中加入料酒，放入鱿鱼条汆烫，捞出。生菜叶铺盘。
2. 锅中注油烧热，爆香蒜末、姜片、葱末，下入鱿鱼条，用大火翻炒片刻，调入韩式辣酱炒匀，然后放入盐、白糖、生抽、味精炒匀装盘即可。

四彩鱼丝

原料

彩椒丝60克，草鱼肉200克，香芹段40克。

调料

味精1克，料酒3毫升，姜丝、蒜末各3克，食用油、盐、淀粉各适量。

制作方法

1. 将草鱼去骨切丝，加适量盐、淀粉、食用油拌匀，腌渍10分钟。
2. 锅中加清水烧热，加入食用油、盐，倒入彩椒丝、香芹段，煮沸捞出。加食用油烧热，放鱼肉丝，滑油，捞出。
3. 锅留底油，放入蒜末、姜丝爆香。倒入彩椒丝、草鱼肉丝，加适量盐、味精、料酒，加香芹段翻炒。用少许淀粉加水勾芡，炒匀，盛出装盘即可。

小提示

韩式鱿鱼

- 鱿鱼具有防治贫血、补充蛋白质的功效。

四彩鱼丝

- 草鱼肉具有暖胃和中、益肠明目的功效。

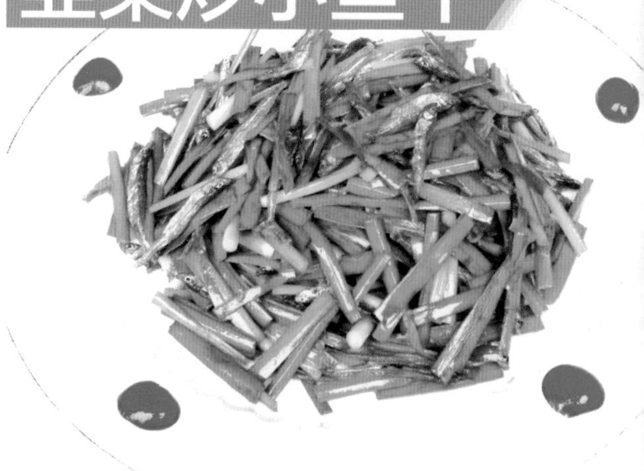

原料

小鱼干40克，韭菜300克。

调料

味精2克，料酒、生抽各3毫升，姜末、蒜末各4克，淀粉、食用油各适量，白糖、盐各3克。

制作方法

1. 将韭菜洗净、切段。锅中注油烧热，倒入小鱼干，炸片刻后捞出。
2. 锅留底油，姜末、蒜末爆香。放入小鱼干、料酒炒匀，加白糖、生抽炒匀。倒入韭菜段，炒熟。加盐、味精调味，用少许淀粉加水勾芡即可。

小提示

韭菜炒小鱼干

● 韭菜味甘、辛，性温，有健胃、提神的作用。

荷兰豆炒鱿鱼

● 荷兰豆性平、味甘，具有和中下气、利小便的作用。

原料

荷兰豆100克，鱿鱼200克，红椒片5克。

调料

葱末、姜片各少许，味精1克，食用油、盐、淀粉、料酒各适量，白糖3克。

制作方法

1. 荷兰豆洗净，切去头尾；鱿鱼洗净，切花刀。将鱿鱼装入碗中，放入适量盐、味精、料酒、淀粉拌匀，腌渍10分钟。锅中注入清水，放入腌好的鱿鱼，汆至断生，捞出后沥水。
2. 锅中注油烧热，倒入葱末、姜片爆香。倒入鱿鱼，淋上适量料酒炒匀，放入荷兰豆炒匀。再倒入红椒片，加适量盐、白糖调味，用少许淀粉加水勾芡即可。

杏鲍菇炒虾仁

原料

杏鲍菇250克，虾仁120克。

调料

鸡精、味精各1克，老抽3毫升，葱白末、姜末、蒜末各3克，白糖2克，料酒、盐、淀粉、食用油各适量。

制作方法

1. 将洗净的虾仁加入盐、料酒、淀粉抓匀，腌渍10分钟。杏鲍菇洗净，切片。锅中注水烧热，加入适量盐、料酒、鸡精、老抽，煮沸，倒入切好的杏鲍菇，焯2分钟，盛出备用。
2. 锅中注油烧热，倒入虾仁，中火炸熟，捞出。锅留底油，倒入蒜末、姜末、葱白末爆香，倒入杏鲍菇片和虾仁。再加入适量盐、味精、白糖翻炒入味，用少许淀粉加水勾芡，炒匀即可。

小提示

杏鲍菇炒虾仁

● 杏鲍菇具有提高机体免疫力、消食的功效。

原料

净鳝鱼段350克，红辣椒丝50克，姜丝、葱白丝、香菜叶各少许。

调料

盐、味精、酱油、料酒、醋、花椒粉、鲜汤、水淀粉、植物油各适量。

制作方法

1. 鳝鱼段加盐腌渍。将盐、味精、酱油、料酒、醋、花椒粉、鲜汤、水淀粉倒入碗中搅拌均匀，调成味汁。
2. 锅中注油烧热，爆香姜丝和葱白丝，放入鳝鱼段煸炒，加红辣椒丝和味汁，翻炒至熟，出锅撒上香菜叶即成。

小提示

三丝炒鳝鱼

● 鳝鱼具有补中益气、温阳益脾的作用。

三丝炒鳝鱼

葱姜炒蟹

原料

海蟹4只，蒜末、姜片、葱段各适量。

调料

蚝油2小匙，白糖1小匙，食用油、面粉、盐各适量。

制作方法

1. 将海蟹洗净，用面粉将蟹的封口处裹上，入油锅炸至变色。
2. 锅内留余油，下入葱段和姜片，小火煸香，放入蒜末、蚝油炒匀，加入海蟹、白糖、盐，翻炒均匀后，炒至收汁即可。

白果炒虾仁

原料

虾仁100克，白果70克，西芹段100克，红椒片15克。

调料

味精1克，鸡精、白糖各3克，料酒3毫升，淀粉、蒜末、姜片、葱白、盐、香油、食用油各适量。

制作方法

1. 虾仁洗净，加少许盐、鸡精、淀粉、食用油拌匀，腌渍5分钟。
2. 锅中加约1000毫升清水烧开，加入适量盐，将白果、西芹段焯水，捞出。热锅注油，烧热，入虾仁，滑油，捞出。
3. 锅留底油，倒入姜片、蒜末、葱白、红椒片爆香。倒入白果、虾仁、西芹段，加适量盐、味精、白糖、料酒炒匀。用少许淀粉加水勾芡，加少许香油炒匀，盛出装盘即可。

小提示

葱姜炒蟹

● 海蟹具有清热解毒、活血的功效。

白果炒虾仁

● 白果具有增强记忆力、保护肝脏的功效。

原料

大虾500克，花生仁200克，葱白段适量。

调料

干辣椒段、花椒、姜末、蒜末、盐、白糖、料酒、醋、香油、淀粉、食用油各适量。

制作方法

1. 大虾洗净，去头去壳，背部中间用刀划开，去除虾线。处理好的虾仁用料酒、淀粉、少许盐拌匀，腌制片刻。
2. 将盐、白糖、料酒、醋、淀粉、水、香油拌匀做成调料汁备用。
3. 锅中注油烧热，放干辣椒段和花椒煸香，放虾仁炒至虾仁断生，放入葱段、姜末、蒜末炒匀，倒调入调料汁，起锅前放花生仁拌匀即可。

小提示

宫保虾球

● 虾具有增强人体免疫力、补肾壮阳的功效。

韭香八爪鱼

● 八爪鱼具有滋肝肾、补血脉的功效。

原料

八爪鱼300克，红椒丝50克，韭菜100克。

调料

葱段、姜丝、植物油、盐、生抽各适量。

制作方法

1. 八爪鱼处理干净，洗净，切块。韭菜择洗干净、切段。八爪鱼块入沸水中焯烫，捞出。
2. 锅内置油，烧热，下葱段和姜丝爆香，倒入八爪鱼块翻炒，加入韭菜段和红椒丝，调入盐和生抽调味即可。

双椒鱿鱼花

原料

鱿鱼400克，青椒圈、红椒圈各适量。

调料

植物油、盐、姜丝、蒜末、鱼露、生抽、蚝油、胡椒粉、料酒、白糖、生粉各适量。

制作方法

1. 鱿鱼撕去黑膜，鱿鱼身切花刀，切条。把全部鱿鱼洗净控水，用料酒和姜丝腌上备用。
2. 用适量盐、生抽、蚝油、白糖、胡椒粉、生粉搅匀成调味汁备用。
3. 锅中水烧开，把鱿鱼下锅焯水至鱿鱼卷起时迅速捞出控水。另起油锅把姜丝、蒜末下锅煸炒，入青、红椒圈翻炒，入鱿鱼大火翻炒。淋入少许鱼露提鲜，把调味汁加入，大火炒匀即可。

小提示

双椒鱿鱼花

● 鱿鱼具有防治贫血、缓解疲劳的作用。

家常海参

● 海参具有增强记忆力、养容养颜的作用。

家常海参

原料

海参240克，葱段、红椒丝各适量。

调料

花生油、蒸鱼豉油、盐、水淀粉各适量。

制作方法

1. 海参去肠洗净，切条。
2. 锅中注油烧热，爆香葱段和红椒丝，加入海参条。加入蒸鱼豉油、盐快速翻炒，用水淀粉勾芡即可。

香辣蛤蜊

原料

白蛤700克，青尖椒段、葱段、姜丝各适量。

调料

植物油、盐、香辣酱、料酒各适量。

制作方法

1. 白蛤放在盐水中待其吐砂，洗刷干净。将蛤蜊放入沸水中煮至其开口后捡出，去除余下的砂子。
2. 锅中放油烧热，爆香葱段、姜丝、青尖椒段、香辣酱。放白蛤翻炒一下，放一点料酒、盐翻炒片刻即可。

小提示

香辣蛤蜊

● 白蛤具有滋阴明目、利水化痰的功效。

避风塘炒蟹

● 螃蟹具有滋补解毒、养筋活血的功效。

避风塘炒蟹

原料

梭子蟹500克，面包糠2汤匙，大蒜1头。

调料

干淀粉、食用油、干辣椒碎各适量，盐1茶匙，白砂糖2茶匙，鸡精半茶匙。

制作方法

1. 干辣椒洗净切末，大蒜剁成蒜蓉。螃蟹刷洗干净，掀开外壳，去掉腮等不可食用部位。处理好的螃蟹沾干淀粉备用。
2. 锅中注油烧热，下入螃蟹炸八成熟后放入蒜蓉。放入干辣椒碎和面包糠，调入盐、鸡精、白砂糖，翻炒均匀后装盘即可。

红烧鱼头

原料

鱼头500克，葱段、红椒段、姜丝各适量。

调料

植物油、盐各适量，料酒、酱油各3克，白糖、鸡精各2克。

制作方法

1. 鱼头切花刀，用盐、料酒腌制30分钟以上。
2. 将鱼头入热油锅，煎至两面略焦黄捞起。锅底留底油，加葱段、姜丝、红椒段炸出香味，加鱼头，料酒、酱油烹到鱼头上，加水、白糖加盖。
3. 大火烧开，转中火烧到鱼头水分快没时，加鸡精调味即可。

腰果虾仁

原料

腰果150克，海虾200克，青椒片、红椒片、姜末各适量。

调料

植物油200克，盐1茶匙，料酒2茶匙。

制作方法

1. 虾仁洗净，调入料酒、1/2茶匙盐，抓匀，腌渍10分钟。
2. 锅中注油烧热，倒入腰果炸至颜色微金黄后捞出控油。油晾至微热，倒入虾仁划炒至变色，捞出控油。
3. 锅里留底油，放入姜末炒香。倒入腰果、虾仁翻炒，倒入青椒片、红椒片翻炒片刻，调入精盐，小火炒匀即可。

小提示

红烧鱼头

● 鱼头具有补充蛋白质、健脑的功效。

腰果虾仁

● 腰果具有润肠通便、润肤美容的功效。

Part 4 蛋禽类

鸡米芽菜

原料

鸡肉粒200克，碎芽菜100克，红椒丁、青椒丁、鸡蛋液、姜末各适量。

调料

料酒2小匙，胡椒粉1小匙，植物油、干淀粉、盐各适量。

制作方法

1. 将鸡肉粒加鸡蛋液、干淀粉、盐、料酒、姜末、胡椒粉拌匀，滑油备用。
2. 锅中注油烧热，加红椒丁、青椒丁炒香，下鸡肉粒、碎芽菜炒匀，加盐调味即可。

荷兰豆炒鸡片

原料

鸡胸肉片250克，熟荷兰豆50克，胡萝卜片、鸡蛋清、蒜末各适量。

调料

盐、料酒、水淀粉、番茄酱、植物油各适量。

制作方法

1. 鸡胸肉片加料酒、盐、鸡蛋清拌匀腌渍片刻，滑油备用。
2. 锅留底油，下蒜末、胡萝卜片炒香，再放入盐、番茄酱、适量水，倒入鸡肉片、荷兰豆略炒，用水淀粉勾芡即可。

小提示

鸡米芽菜

● 鸡肉具有增强体力、强壮身体的作用。

荷兰豆炒鸡片

● 荷兰豆具有提高机体免疫力、增强新陈代谢的作用。

原料

嫩子鸡半只，干辣椒段25克，葱段适量，香菜段少许。

调料

盐、鸡精各3克，生抽3毫升，姜丝、蒜末、料酒、白糖、醋各适量，香油、食用油各少许。

制作方法

1. 嫩子鸡洗净、切块，加盐、生抽、料酒抓匀，腌渍片刻，备用。炒锅烧热，加油，倒入鸡块炸至变黄，捞起，沥干油分。
2. 锅留底油烧热，加姜丝、蒜末、葱段、干辣椒段炒香。烹入料酒，倒入鸡块略炒，调入盐、鸡精、白糖、醋，撒上香菜段，淋入香油即可。

小提示

重庆辣子鸡

● 鸡肉具有温中益气、补精添髓、补虚益智的作用。

土豆丝炒鸡蛋

● 土豆有和胃、调中、益气的作用。

原料

土豆200克，鸡蛋1个，青椒丝、红椒丝各适量。

调料

花生油50克，酱油、鸡粉、葱末各适量，盐少许。

制作方法

1. 土豆去皮，洗净，切丝，控水；鸡蛋打散，加适量盐、酱油、鸡粉、油，拌匀炒熟备用。
2. 花生油加热，加入葱末炒香，加入土豆丝、青椒丝、红椒丝翻炒，倒入鸡蛋翻炒，加盐调味即可。

多味鸡丁

原料

鸡胸肉丁300克，红椒片50克，黄瓜丁、鸡蛋清各适量。

调料

盐、味精、白糖、醋、水淀粉、花椒粉、食用油、葱末、姜末、蒜末各适量。

制作方法

1. 鸡胸肉丁加盐、鸡蛋清上浆，滑油。
2. 锅留油烧热，下葱末、姜末、蒜末炒香，下鸡胸肉丁炒匀，加红椒片、黄瓜丁翻炒，放味精、盐、白糖、醋、花椒粉调味，以水淀粉勾芡即可。

小提示

多味鸡丁

- 鸡肉具有增强体力、强壮身体的作用。

辣炒鸡心

- 鸡心有滋补心脏、镇静神经、护心、补血益气、提高免疫力的功效。

辣炒鸡心

原料

鸡心350克，青尖椒丝、红尖椒丝各25克，泡尖椒少许。

调料

盐、料酒各少许，生抽1小匙，花椒、姜丝、蒜丝、葱末、老干妈辣椒酱、白胡椒粉、白糖、植物油各适量。

制作方法

1. 鸡心去杂、洗净，用盐、料酒、白胡椒粉、生抽抓匀腌渍片刻。
2. 炒锅烧热，加油，倒入腌渍好的鸡心煸炒片刻。加花椒炒香，加姜丝、蒜丝、葱末炒香，加老干妈辣椒酱炒香，倒入青尖椒丝、红尖椒丝和泡尖椒炒香，加入白糖调味即可。

原料

烤鸡250克，红椒末80克，豆豉30克，葱花少许。

调料

盐4克，鸡精2克，蒜末、姜末、植物油各适量。

制作方法

1. 烤鸡剁成块。
2. 炒锅烧热，加油，加红椒末、豆豉、蒜末和姜末炒香。
2. 倒入烤鸡块炒匀，加盐、鸡精调味，撒上葱花即可。

小提示

鼓椒烤鸡

- 鸡肉具有增强体力、强壮身体的作用。

豉椒烤鸡

蒜香鸡丁

原料

鸡胸肉丁250克，洋葱片50克，蒜泥适量。

调料

盐、白糖、水淀粉、植物油各适量。

制作方法

1. 鸡胸肉丁加盐、水淀粉略腌，滑油。
2. 锅中注油烧热，入鸡胸肉丁翻炒片刻，加蒜泥炒香，再放入洋葱片、白糖、盐翻炒至熟，装盘。

酱鸭舌

原料

鸭舌300克。

调料

白糖25克，料酒半小匙，植物油、姜汁、香油、黄酱各适量。

制作方法

1. 鸭舌洗净，滑油。
2. 锅中留适量底油烧热，下料酒、黄酱、姜汁、白糖，烧至汤汁浓稠时放入鸭舌翻炒，待鸭舌均匀挂满酱汁时，淋入香油，装盘即可。

小提示

蒜香鸡丁

- 大蒜具有杀菌、排毒清肠的功效。

酱鸭舌

- 鸭舌具有温中益气、健脾胃的功效。

鸡丝爆银芽

原料

鸡脯肉300克，绿豆芽300克，青、红辣椒各1个。

调料

香油1/2大匙，料酒1大匙，高汤1大匙，胡椒粉、盐各1小匙，淀粉、植物油各适量。

制作方法

1. 鸡肉洗净切丝，先用盐、胡椒粉、料酒、淀粉拌匀，再放入烧热的油锅中，稍微过一下油，捞起后沥干备用。
2. 绿豆芽头尾摘除洗净，青、红辣椒洗净切丝。锅内放油，烧热，先爆香青、红辣椒丝，再加入高汤，煮开后，加入绿豆芽、鸡丝、盐、香油炒匀即可。

小提示

鸡丝爆银芽

- 鸡肉具有提高免疫力、补肾精的作用。

彩椒炒鸡胗

- 鸡胗有消食导滞、帮助消化的作用。

彩椒炒鸡胗

原料

鸡胗片200克，洋葱块20克，青椒片、红椒片各50克，姜片少许。

调料

盐、鸡精、生抽各半小匙，干淀粉少许，料酒、老抽、水淀粉、植物油各适量。

制作方法

1. 鸡胗片加干淀粉和盐、生抽、料酒抓匀腌渍。鸡胗片入沸水中汆烫熟，捞出。
2. 炒锅烧热，加油，加姜片、洋葱块、青椒片、红椒片炒香。烹入料酒，下鸡胗片略炒，加老抽煸炒片刻，加入盐、鸡精、生抽调味，用水淀粉勾芡即可。

五彩鸡丝

五彩鸡丝

● 鸡肉具有温中益气、补精添髓的功效。

原料

鸡胸肉200克，水发黑木耳35克，土豆丝、红椒丝、胡萝卜丝、青椒丝各20克。

调料

料酒5毫升，姜丝5克，蒜末3克，盐、味精、淀粉、食用油各适量。

制作方法

1. 水发黑木耳洗净、切丝。鸡胸肉洗净，切丝，装入碗中，加适量盐、淀粉、料酒、食用油腌渍。锅中加水烧开，加入适量盐、食用油，倒入胡萝卜丝、土豆丝、青椒丝、红椒丝，煮熟捞出。再倒入鸡肉丝，搅散，汆至变色捞出。
2. 锅中注油烧热，加姜丝、蒜末爆香，倒胡萝卜丝、土豆丝、木耳丝、青椒丝、红椒丝、鸡肉丝炒匀，加盐、味精调味，用少许淀粉加水勾芡，翻炒炒匀即可。

辣炒鸡米

原料

鸡米200克，青椒丁、红椒丁、鸡蛋清各适量。

调料

葱花、姜末、蒜末、盐、味精、白糖、醋、酱油、辣油、水淀粉、食用油各适量。

制作方法

1. 鸡米加鸡蛋清、酱油略腌，滑油。
2. 锅内留油，下葱花、姜末、蒜末、青椒丁、红椒丁炒香，下鸡米，加醋、白糖、盐、味精调味，用水淀粉勾芡，淋辣油即成。

小提示

辣炒鸡米

- 鸡米具有温中益气、补虚填精、健脾胃的功效。

辣炒鸭丁

- 鸭肉性味甘、咸、平，微寒，具有滋阴补血、利水消肿的功效。

辣炒鸭丁

原料

新鲜鸭肉丁300克，朝天椒圈30克，干辣椒段15克。

调料

盐、鸡精各3克，姜末、葱花、白芝麻、干淀粉各少许，料酒、蚝油、植物油各适量。

制作方法

1. 鸭肉丁中加干淀粉和盐、料酒抓匀腌渍片刻，倒入热油锅中炒至变色，加盐、鸡精、蚝油炒至入味。
2. 另起锅，加油烧热，炒香姜末、朝天椒圈、干辣椒段，倒入鸭肉丁炒匀，撒上葱花和白芝麻即可。

鸭肠爆豆芽

原料

卤鸭肠片400克，绿豆芽200克，干辣椒段、青椒丝各适量。

调料

蒜片、姜片、盐、味精、花椒油、食用油各适量。

制作方法

1. 豆芽入沸水中汆烫备用。
2. 锅置火上，倒油烧热，下入蒜片、姜片、干辣椒段炒香，再放入青椒丝、豆芽煸炒片刻，调入盐、味精，下入鸭肠片翻炒至入味，淋入花椒油即可。

小提示

鸭肠爆豆芽

- 鸭肠具有促进新陈代谢、补充维生素等功效。

川香辣椒鸡

- 油菜具有降血脂、宽肠通便的功效。

川香辣椒鸡

原料

鸡肉块、油菜段、青椒片、红辣椒段各适量。

调料

葱末、姜末、蒜片、料酒、盐、白糖、生抽、淀粉、植物油、川味辣椒酱各适量。

制作方法

1. 鸡肉块加少许料酒、淀粉、盐略腌，滑油。
2. 锅留底油烧热，爆香葱末、姜末、蒜片、红辣椒段。
3. 然后倒入鸡肉块翻炒，倒入川味辣椒酱炒匀，倒入油菜段和青椒片，放入盐、白糖、生抽调味即可。

辣炒鸭胗

原料

鸭胗300克，干红椒段30克。

调料

鸡精、生抽各3克，干淀粉少许，姜末、葱末、盐、料酒、蚝油、水淀粉、香油、食用油各适量。

制作方法

1. 将鸭胗处理干净，切片。鸭胗片中加干淀粉和盐、生抽、料酒抓匀，腌渍片刻。炒锅烧热，加油，加姜末、葱末炒香，倒入鸭胗片翻炒片刻。
2. 倒入干红椒段炒出香味，加盐、鸡精、生抽、蚝油调味，以水淀粉勾芡，淋入香油即可。

蒜薹炒鸭肠

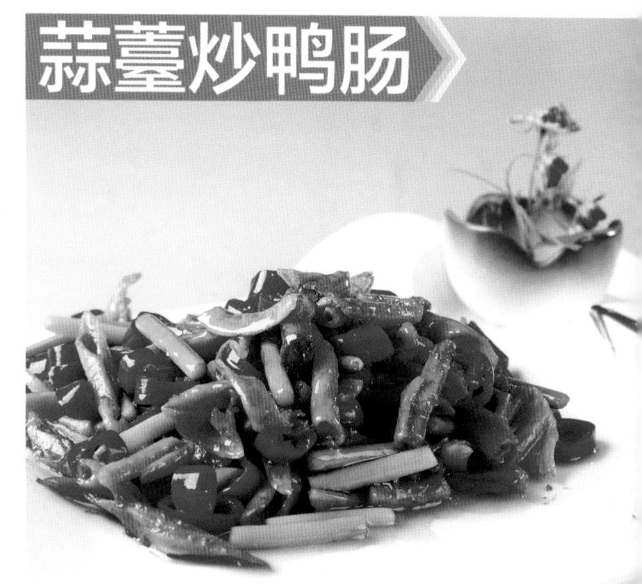

原料

新鲜鸭肠250克，蒜薹200克，红椒段适量。

调料

盐、料酒、鸡精、水淀粉、植物油各适量，姜末、葱末各少许。

制作方法

1. 将蒜薹择洗干净、切段，鸭肠处理干净、切段。锅中注入适量清水烧开，倒入鸭肠段汆烫去异味，捞出沥干。
2. 炒锅烧热，加油，放入姜末、葱末炒香。烹入料酒，倒入鸭肠段煸炒片刻。倒入红椒段炒香，倒入蒜薹段炒匀，加盐、鸡精炒至熟透入味，用水淀粉勾芡即可。

小提示

辣炒鸭胗

- 鸭胗味甘、性平、咸，有健胃之效。

蒜薹炒鸭肠

- 蒜薹具有预防便秘、降血脂、预防冠心病、杀菌等功效。

炒乳鸽

原料

乳鸽肉片250克，黄瓜条、红椒条、胡萝卜条各15克。

调料

姜片、蒜末、盐、料酒、辣椒油、蚝油、鸡精、水淀粉、食用油各适量。

制作方法

1. 炒锅烧热，加油，烹入料酒，放入姜片、蒜末炒香，倒入乳鸽肉片翻炒片刻。
2. 加辣椒油炒至乳鸽肉熟透，加盐、蚝油、鸡精调味，加水淀粉勾芡。
3. 将黄瓜条、红椒条、胡萝卜条摆盘，将炒好的乳鸽肉片装盘即可。

小提示

炒乳鸽

● 乳鸽对脱发、白发和未老先衰等有很好的食疗效果。

青椒爆鸭肠

● 青椒具有温中散寒、开胃消化等作用。

青椒爆鸭肠

原料

熟鸭肠200克，青椒100克。

调料

白糖2克，生抽、老抽、料酒各3毫升，姜片、葱末、蒜末、青花椒各3克，盐、淀粉、食用油各适量，味精1克。

制作方法

1. 青椒洗净，去籽，切段。
2. 锅中注油烧热，倒入葱末、蒜末、姜片、青花椒煸香。倒入鸭肠翻炒片刻，淋入料酒、老抽、生抽拌炒匀，倒入青椒段，加盐、味精、白糖调味，用少许淀粉加水勾芡。

辣椒丁炒鸡蛋

原料

鸡蛋3个，青、红尖椒各1个，葱5克。

调料

盐半小匙，豆豉、植物油各适量。

制作方法

1. 将鸡蛋磕入碗中，加盐打散，炒熟备用。葱洗净切成葱末。青、红尖椒洗净，去蒂及籽，切丁。
2. 锅中注油烧热，炒香葱末、豆豉，加入青、红尖椒丁，放入鸡蛋炒匀，加盐调味即可。

荷兰豆炒鸡蛋

原料

荷兰豆段100克，红椒条30克，葱末5克，鸡蛋液适量。

调料

盐、生抽、食用油各适量。

制作方法

1. 锅中放少许油烧热，将蛋液倒入翻炒成蛋碎。
2. 原锅再放少许油炒香葱末，下红椒条、荷兰豆段和蛋碎，调入适量的盐和生抽翻炒均匀即可。

小提示

辣椒丁炒鸡蛋

● 鸡蛋具有补钙、滋阴润燥的功效。

荷兰豆炒鸡蛋

● 荷兰豆具有提高机体免疫力、抗菌消炎的作用。

鸡蛋炒蒜薹

原料

鸡蛋2个，蒜薹段100克，水发木耳适量，红椒片20克。

调料

盐1小匙，葱末、植物油各适量，香油少许。

制作方法

1. 将鸡蛋打散，加入少许盐，搅拌均匀；水发木耳洗净，撕碎。油锅烧热，爆香葱末，倒入蛋液煎熟，盛出，沥干油分，备用。
2. 锅内留底油烧热，下入红椒片、木耳、蒜薹段煸炒出香味，然后放入盐、鸡蛋快速翻炒均匀至入味，出锅前淋上少许香油即可。

小提示

鸡蛋炒蒜薹

● 蒜薹性温，具有补虚、调和脏腑及活血杀菌的功效。

芹菜炒鸭肠

● 芹菜具有镇静安神、平肝降压的功效。

芹菜炒鸭肠

原料

芹菜250克，鸭肠200克，红椒段5克，葱白10克，姜片5克。

调料

料酒、盐、水淀粉、食用油各适量，味精1克。

制作方法

1. 将鸭肠洗净，切段。芹菜取梗洗净，切段。锅中注水烧开，加适量盐、料酒，放入鸭肠氽至断生。
2. 炒锅注入食用油烧热，放入姜片、葱白爆香，倒入氽水后的鸭肠。再放入红椒段、芹菜段，淋入适量料酒炒至熟。加入少许盐、味精炒匀，用水淀粉勾芡即可。

紫菜炒鸡蛋

原料

紫菜30克，鸡蛋2个，青椒碎、红椒碎各少许。

调料

盐、植物油各适量。

制作方法

1. 把紫菜泡发，撕丝，沥干水分。鸡蛋打入碗中，与紫菜丝、青椒碎、红椒碎、盐搅匀成混合蛋液。
2. 炒锅置大火上烧热，加入植物油烧至六成热时，把混合蛋液加入，炒熟即可。

小提示

紫菜炒鸡蛋

- 鸡蛋具有补钙、滋阴润燥的功效。

小炒鸡胗

- 鸡胗具有消食导滞、帮助消化的功效。

小炒鸡胗

原料

鸡胗200克，芦笋150克，葱白5克。

调料

料酒、盐、淀粉、食用油、蒜末、姜片各适量。

制作方法

1. 将芦笋洗净，切成段，入沸水锅中汆熟。鸡胗切成块，加入适量盐、料酒、淀粉拌匀，腌渍入味。锅中加清水烧开，倒入切好的鸡胗，汆至断生后捞出。
2. 锅中注油烧热，倒入鸡胗，滑油片刻捞出备用。锅留底油，倒姜片、蒜末、葱白爆香，倒入芦笋段炒匀，再倒入鸡胗炒2分钟，加料酒、盐炒匀即可。

辣味香椿炒蛋

原料

香椿150克，鸡蛋3个，辣椒末适量。

调料

味精1克，鸡精、盐、食用油各适量。

制作方法

1. 香椿洗净，切段。鸡蛋打入碗中，打散，加少许盐、鸡精调匀。油锅烧热，倒入蛋液拌匀，翻炒至熟，盛出装盘备用。
2. 锅中加清水烧开，加少许食用油。倒入切好的香椿，煮片刻后捞出。油锅烧热，倒入香椿炒匀。加少许盐、味精、鸡精炒匀。再倒入煎好的鸡蛋、辣椒末，翻炒均匀至入味即可。

小提示

辣味香椿炒蛋

● 香椿味苦,性寒,有清热解毒、健胃理气的功效。

香椿炒鸡蛋

● 鸡蛋有补钙、明目的功效。

香椿炒鸡蛋

原料

鸡蛋120克，香椿150克。

调料

盐、鸡精各半小匙，香油少许，植物油适量。

制作方法

1. 将香椿洗净、切段。将鸡蛋磕入碗中打散，加少许盐、鸡精搅拌均匀。
2. 炒锅烧热，加适量油，倒入蛋液，翻炒至熟。倒入香椿段翻炒片刻。加入盐炒至熟透入味，加鸡精搅拌均匀调味，淋入少许香油即可。

原料

鸭血片500克，红椒圈50克，黄瓜片适量。

调料

高汤、酱油、盐、姜末、葱花、蒜末、食用油各适量。

制作方法

1. 炒锅加油烧热，下姜末、蒜末、红椒圈炒香，加入鸭血片翻炒，放入高汤、酱油、盐调味。
2. 黄瓜片铺盘，放入炒好的鸭血片，撒上葱花即可。

小提示

炒鸭血

● 鸭血具有止血凝血、补充微量元素的功效。

炒鸭血

韭菜炒鸡蛋

原料

韭菜200克，鸡蛋2个，红椒丝少许。

调料

鸡精2克，盐、食用油各适量。

制作方法

1. 将韭菜洗净，切成约2厘米长的段。鸡蛋打入碗中，加少许盐、鸡精，搅匀，炒熟备用。
2. 锅内注入食用油烧热，倒入韭菜炒匀，加适量盐炒匀调味，倒入炒好的鸡蛋翻炒至熟透即可。

小提示

韭菜炒鸡蛋

● 韭菜具有疏调肝气、增进食欲、增强消化功能的功效。

西红柿炒鸡蛋

原料

西红柿200克，鸡蛋3个，姜末、蒜末各3克，葱白5克，青椒块适量。

调料

白糖2克，香油10毫升，鸡精、盐、食用油各适量。

制作方法

1. 将西红柿洗净，切块。鸡蛋打入碗中，加入适量盐、鸡精，搅散成蛋液。油锅烧热，倒入蛋液，炒至熟，盛入碗中。
2. 油锅烧热，倒入葱白、姜末、蒜末爆香。倒入西红柿块，炒约1分钟至熟。加入适量盐、鸡精、白糖，倒入炒好的鸡蛋翻炒均匀，再淋入香油即可。

芹菜炒鸡杂

原料

芹菜120克，鸡杂200克，生姜片3克，灯笼椒段10克。

调料

味精1克，料酒3毫升，蚝油5毫升，盐、淀粉、食用油各适量。

制作方法

1. 芹菜洗净、切段。鸡杂洗净、切片，加适量盐、料酒、味精拌匀，腌渍6分钟。
2. 锅中注油烧热，倒入鸡杂，翻炒片刻，倒入生姜片炒匀。倒入芹菜段，炒1分钟至熟透。放入灯笼椒段拌炒均匀。加适量盐、蚝油调味，用少许淀粉加水勾芡炒匀即可。

小提示

西红柿炒鸡蛋

- 西红柿具有健胃消食、降脂降压的功效。

芹菜炒鸡杂

- 芹菜具有平肝降压、镇静安神的功效。

原料

鸡胸肉150克，莴笋100克，蛋清、青椒丝、红椒丝各20克。

调料

白糖2克，鸡精1克，蒜片、姜片、葱段各5克，料酒3毫升，食用油、淀粉、盐各适量。

制作方法

1. 莴笋去皮，洗净切条。鸡胸肉洗净切条。鸡胸肉加适量盐、蛋清、淀粉、料酒、食用油拌匀，腌渍10分钟。锅中倒入适量清水烧开，倒入适量食用油拌匀，放入莴笋，再加入少许盐拌匀，待莴笋焯熟后捞出备用。
2. 热锅注入食用油，倒入鸡柳拌匀，滑油片刻后捞出。锅留底油，放姜片、蒜片、青椒丝、红椒丝、葱段、莴笋条、鸡柳，加适量盐、白糖、鸡精调味，翻炒至熟，用少许淀粉加水勾芡即可。

小提示

莴笋炒鸡柳

● 鸡肉具有增强体力、强壮身体的作用。

莴笋炒鸡柳

豇豆炒鸡柳

小提示

豇豆炒鸡柳

● 鸡肉具有补钙、强身健体的功效。

原料

豇豆100克，鸡胸肉150克，姜末、蒜末各3克，彩椒条、葱末各5克。

调料

味精1克，白糖2克，料酒5毫升，盐、蛋清、淀粉、食用油各适量。

制作方法

1. 把豇豆洗净，切段。鸡胸肉洗净，切条，加适量盐、料酒、蛋清、淀粉、食用油，腌渍10分钟。热锅注油，放入鸡柳拌匀，滑油片刻后，捞出备用。
2. 锅留底油，倒入姜末、蒜末、彩椒条、葱末爆香。倒入豇豆和鸡柳翻炒至熟透，加适量盐、味精、白糖调味，中火炒至入味，用少许淀粉加水勾芡，转小火快速炒匀即可。

蒜薹炒鸭胗

原料

鸭胗250克，蒜薹段、红椒片各20克，姜片10克。

调料

料酒3毫升，味精1克，蚝油5毫升，盐、淀粉、香油、食用油各适量。

制作方法

1. 鸭胗处理干净，加适量盐、料酒、淀粉拌匀，腌渍10分钟。
2. 油锅烧热，加入姜片炒香，倒入鸭胗、蒜薹段、红椒片拌炒至熟。加适量盐、味精、蚝油调味，用少许淀粉加水勾芡，淋入少许香油拌匀即可。

小提示

蒜薹炒鸭胗

● 鸭胗具有健胃、消食导滞的功效。

青椒炒蛋

原料

鸡蛋 200克，青椒100克，葱、姜、蒜各适量。

调料

植物油60克，盐3克。

制作方法

1. 青椒洗净、切碎，葱、姜、蒜洗净、切末备用。
2. 热锅加油，烧至七成热，入葱末、姜末、蒜末、青椒碎翻炒一分钟左右，加少许清水，再加盐炒匀，至清水快被炒干，打入鸡蛋，加少许油炒匀，待有香味飘出即可出锅。

小提示

青椒炒蛋

● 鸡蛋具有养心安神、补血、滋阴润燥的功效。

剁椒皮蛋

● 皮蛋具有清热消炎、养心安神的功效。

原料

皮蛋4个，剁椒碎、蒜片、葱末、姜末各适量。

调料

醋、生抽、麻油、糖、鸡精各适量。

制作方法

1. 皮蛋剥去壳洗净，切成瓣。
2. 切好的皮蛋放上剁椒碎，姜末、醋、生抽、蒜片、葱末、麻油、糖、鸡精拌匀调成调味汁倒在皮蛋上即可。

剁椒皮蛋

杭椒炒鹅肠

原料

鹅肠260克，干红辣椒段、青椒段各90克。

调料

醋、盐、味精、胡椒粉、植物油各适量。

制作方法

1. 鹅肠加醋用力搓洗，以清水洗净后切段，入沸水锅中汆烫，捞出后沥干水分，备用。
2. 在锅中加适量植物油烧热，先将干红辣椒段放入爆香，再放入青椒段、鹅肠段翻炒均匀，加盐、味精炒匀后撒上胡椒粉调味即可。

小提示

杭椒炒鹅肠

● 鹅肠具有益气补虚、温中散血、行气解毒的功效。

香辣鹅脚筋

● 鹅脚筋有延缓皮肤衰老的功效。

香辣鹅脚筋

原料

鹅脚筋200克，红椒圈、青椒圈各10克，葱白片、姜末、蒜末各5克。

调料

植物油1000克，食用纯碱、红油各15克，精盐、水淀粉、干椒粉各5克，味精、陈醋、酱油各4克，香油2克，白芝麻少许。

制作方法

1. 将鹅脚筋放入四成热的油锅中浸炸10分钟，再放入冷水中，加食用纯碱浸泡3小时左右，用清水漂洗至无碱味，捞出沥干水分，再入油锅内炒干水分。
2. 锅至旺火上，放底油，下姜末、蒜末炒香，下葱白片、红椒圈、青椒圈煸炒均匀，加精盐、味精、酱油、干椒粉炒拌入味，倒入鹅脚筋，烹入陈醋略炒，用水淀粉勾芡，淋上香油、红油，撒上白芝麻即可。

Part 5 豆菌类

葱烧草菇

原料

草菇150克，小葱白20克。

调料

盐、鸡精、料酒、高汤、白糖各1小匙，色拉油适量。

制作方法

1. 将草菇洗净，切成片备用。葱白洗净，切段。锅中放油烧热，先下入草菇片大火翻炒，放料酒烹香。
2. 然后放入高汤，加盖闷烧2分钟。
3. 然后放入葱白段，放入盐、白糖、鸡精炒匀调味即可。

平菇炒肉片

原料

鲜平菇条350克，猪瘦肉200克，青、红椒片各适量。

调料

盐、水淀粉各1小匙，胡椒粉、味精、白糖、植物油各适量，料酒2小匙，生抽少许。

制作方法

1. 鲜平菇条放入沸水锅中氽烫，捞出，沥干。猪瘦肉切片加料酒、味精、盐、生抽、水淀粉拌匀，腌渍。
2. 锅中注油烧热，爆香青、红椒片，入猪瘦肉片炒散，加料酒、平菇条略炒片刻，调入盐、白糖、味精、胡椒粉即可。

小提示

葱烧草菇
- 草菇具有促进人体新陈代谢、提高机体免疫力的功效。

平菇炒肉片
- 平菇具有追风散寒、舒筋活络的功效。

油焖草菇

原料

草菇250克，葱片、姜片各3克。

调料

酱油5毫升，盐3克，糖5克，鸡精1克，食用油50克。

制作方法

1. 草菇用温水泡发后，捞出洗净，过滤泡发的水备用。草菇切开，倒入沸水中焯烫2分钟后捞出，沥干水分。
2. 炒锅中倒入油，大火加热后，放葱片、姜片爆香，入草菇翻炒2分钟。倒入过滤后的水，然后调入酱油、盐和糖搅拌均匀，中火焖2分钟，待汤汁略收干，撒入鸡精搅拌出锅即可。

家常鲜菇

原料

鲜菇250克，姜丝、葱段各适量。

调料

盐、鸡精、酱油、食用油、白糖各适量，清汤3大匙。

制作方法

1. 鲜菇入沸水锅中汆烫，捞出沥干。
2. 锅中注油烧热，下入姜丝、葱段爆香，再放入鲜菇片翻炒片刻。
3. 然后加盐、鸡精、酱油、白糖，倒入清汤，翻炒至入味即可。

小提示

油焖草菇
- 草菇具有消食祛热、补脾益气的功效。

家常鲜菇
- 鲜菇具有追风散寒、舒筋活络的功效。

金针菇炒肉丝

原料

鸡胸肉300克，鲜金针菇200克，彩椒丝20克，葱段适量。

调料

味精、料酒、盐、香油、水淀粉、姜丝、食用油各适量。

制作方法

1. 将鲜金针菇去根，清洗干净；鸡胸肉洗净，切丝，备用。
2. 锅中注油烧热，加葱段、彩椒丝、姜丝煸出香味，下鸡胸肉丝煸熟。加料酒、味精，煸炒片刻后加金针菇和盐爆炒几下，用水淀粉勾芡，淋入香油即可。

小提示

金针菇炒肉丝

● 金针菇具有促进智力发育和促进新陈代谢的功效。

草菇炒虾仁

小提示

草菇炒虾仁

● 草菇具有消食祛热、补脾益气、清暑的功效。

原料

草菇250克，虾仁120克，青椒片、红椒片30克。

调料

鸡精、味精各1克，老抽3毫升，白糖2克，姜片、蒜末、料酒、盐、淀粉、食用油各适量。

制作方法

1. 将洗净的虾仁加入盐、料酒、淀粉抓匀，腌渍10分钟。草菇洗净。锅中注水烧热，加入适量盐、料酒、鸡精、老抽，煮沸。倒入切好的草菇，焯煮约2分钟，盛出备用。另起锅注水烧热，倒入虾仁，汆熟后捞出备用。
2. 锅中注油烧热，入虾仁炸熟，捞出。锅留底油，倒入蒜末、姜片、青椒片、红椒片爆香，倒入草菇和虾仁。再加入适量盐、味精、白糖翻炒入味，用少许淀粉加水勾芡炒匀，盛入盘内即可。

莴笋炒金针菇

原料

莴笋250克，金针菇200克，红椒丝少许。

调料

植物油、盐、鸡精、香油、蒜各适量。

制作方法

1. 金针菇切根，洗净。莴笋去皮，洗净，切成丝。蒜去皮，洗净，切末，备用。将金针菇入沸水中略汆烫，捞出备用。
2. 锅中注油烧热，下蒜末、红椒丝爆香，放莴笋丝炒至八成熟后下金针菇略炒，调入盐、鸡精，炒至熟透，淋香油即成。

辣椒炒香菇

原料

香菇450克，青、红椒各20克，干红辣椒段15克。

调料

郫县豆瓣酱、盐、植物油各适量。

制作方法

1. 香菇去蒂洗净，切块。青、红椒洗净，切片，备用。
2. 锅置火上，加入适量油，烧热后放入豆瓣酱炒出红油，然后放入青椒片、红椒片、干红辣椒段，翻炒至变软，再加入香菇块，翻炒均匀，加盐调味即可。

小提示

莴笋炒金针菇

● 金针菇具有促进智力发育和促进新陈代谢的功效。

辣椒炒香菇

● 香菇具有补肝肾、健脾胃、益气血、益智安神、美容养颜的功效。

麻辣香菇

原料

干香菇300克，生菜叶、圣女果片各适量。

调料

花椒、辣椒粉、花椒粉、盐、食用油、干辣椒段各适量。

制作方法

1. 干香菇洗净，泡发后切粗条，泡香菇水留用。
2. 锅烧热，将部分盐、辣椒粉、花椒粉混合倒入锅中迅速翻炒，至炒出香味时即成椒盐粉。
3. 油锅烧热，将香菇条放入，以小火不停翻炒，放入干辣椒段、花椒和剩余盐，再炒5分钟。
4. 生菜叶、圣女果片铺盘，盛出炒香菇，撒上椒盐粉即可。

小提示

麻辣香菇

● 香菇具有健脾胃、美容养颜的功效。

椒盐香菇

● 鸡蛋具有补充蛋白质的功效。

椒盐香菇

原料

面粉100克，香菇400克，鸡蛋清适量。

调料

椒盐、生粉各10克，盐5克，鸡精1克，色拉油适量。

制作方法

1. 香菇洗净、沥干。面粉、生粉、鸡蛋清、盐、鸡精、水调成蛋糊。
2. 将香菇挂糊，下入八成热的油锅中炸成金黄色捞出。把炸好的香菇装盘，撒上椒盐即可。

木耳炒苦瓜

原料

苦瓜250克，水发黑木耳100克，红椒段少许。

调料

盐、味精、白糖、香油、食用油各适量。

制作方法

1. 将苦瓜洗净，去籽，切片，用冰水浸泡，捞起控净水分。水发黑木耳洗净，撕成小朵。
2. 锅置火上，放油烧热，下入红椒段炒香，放入苦瓜片煸炒。再下入黑木耳，调入盐、白糖、味精迅速翻炒均匀。最后淋上香油，装盘即成。

小提示

木耳炒苦瓜

● 苦瓜具有清热益气、健脾开胃的功效。

黑木耳炒黄花菜

● 黑木耳具有益气强身、滋肾养胃、活血等功效。

黑木耳炒黄花菜

原料

干黑木耳20克，干黄花菜80克，葱末适量，青、红辣椒圈少许。

调料

素鲜汤100克，水淀粉1大匙，盐、食用油各适量。

制作方法

1. 将黑木耳用温水泡发，去蒂洗净，撕成小朵；将干黄花菜用冷水泡发，清洗干净，沥水。
2. 锅中注油烧热，放入黑木耳、黄花菜煸炒均匀，加入素鲜汤，烧至黄花菜熟后加入盐，用水淀粉勾芡后撒青、红辣椒圈和葱末即可。

原料

西芹80克，黑木耳40克，胡萝卜条35克。

调料

葱末、姜片、盐、鸡精、食用油各适量。

制作方法

1. 西芹洗净，切段。黑木耳入清水中泡发后，撕小朵，备用。
2. 锅置火上，加入适量油，烧热后爆香葱末、姜片。
3. 放入西芹段翻炒至熟，然后放入胡萝卜条、黑木耳，炒至软后，调入盐、鸡精，翻炒均匀即可。

西芹炒黑木耳

小提示

西芹炒黑木耳

- 芹菜具有镇静安神、平肝降压的功效。

黑木耳炒黄瓜

- 黑木耳具有益气强身、活血等功效。

黑木耳炒黄瓜

原料

黑木耳50克，黄瓜、胡萝卜、百合片各适量。

调料

盐、味精、白糖、蒜、香油、食用油各适量。

制作方法

1. 黑木耳泡发后洗净，撕碎。黄瓜洗净，切片。蒜切粒。胡萝卜洗净，切片。
2. 锅中注油烧热，放入蒜粒、胡萝卜片爆炒几下，加入黄瓜片、百合片、黑木耳，调入盐、味精、白糖至入味，淋入香油即成。

小炒杏鲍菇

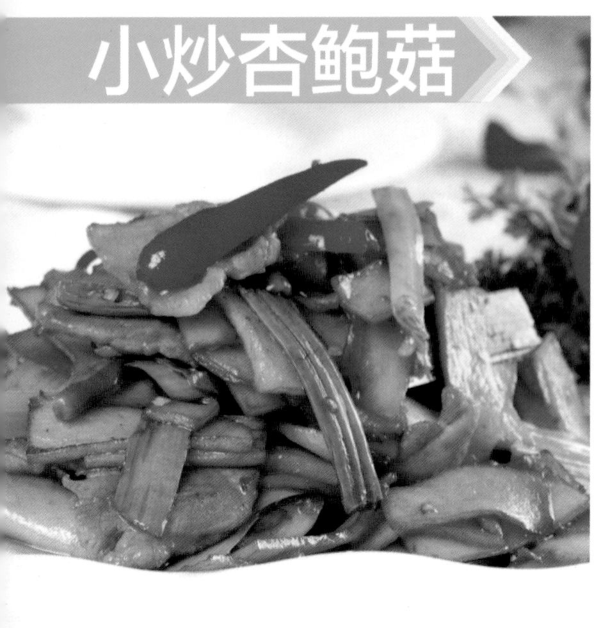

原料

杏鲍菇150克，蒜片、蒜苗段、葱段、红辣椒段各适量。

调料

蘑菇精、酱油、植物油各适量。

制作方法

1. 杏鲍菇洗净，切片。
2. 锅置火上，放入适量清水烧开，将杏鲍菇入沸水进行汆烫，捞出沥干水分。
3. 另起一锅，加入适量油，烧至五成热，放入蒜片、蒜苗段、葱段、红辣椒段炒香。
4. 然后放入杏鲍菇片翻炒均匀，放入酱油，再翻炒均匀，再倒入适量清水。最后调入蘑菇精翻炒片刻，出锅即成。

菇香肉丝

原料

猪里脊肉丝200克，鲜香菇片150克，青、红辣椒丝各30克。

调料

盐、味精、酱油、干淀粉、料酒、高汤、食用油各适量，葱末、姜末各少许。

制作方法

1. 猪里脊肉丝加干淀粉、料酒拌匀上浆。油锅烧热，下里脊肉丝滑散，捞出控油，备用。
2. 锅底留油，烧热，爆香葱末、姜末，入鲜香菇片煸炒片刻，加入高汤、盐、酱油稍炒，倒入里脊肉丝、青辣椒丝、红辣椒丝炒匀，出锅前加入味精即成。

小提示

小炒杏鲍菇
● 杏鲍菇具有润肠胃、美容的功效。

菇香肉丝
● 香菇具有提高机体免疫力、助消化的功效。

宫保菇丁

原料

杏鲍菇丁300克，麻辣花生仁200克，青椒段、红椒段、葱段各少许。

调料

生抽2大匙，醋、白糖、盐、食用油、水淀粉、芝麻油各适量。

制作方法

1. 杏鲍菇丁用开水汆烫熟，捞出冲凉，撒少许盐抓匀，腌渍10分钟；将生抽、醋、白糖、盐、芝麻油混合均匀成味汁。锅中注油烧热，将杏鲍菇丁炸至表面呈金黄色。
2. 另起油锅，爆香葱段、青椒段、红椒段，加杏鲍菇丁翻炒。将味汁倒入快速翻炒，加入麻辣花生仁炒匀，用水淀粉勾芡即可。

小提示

宫保菇丁
- 杏鲍菇具有提高免疫力、消食的功效。

干锅茶树菇
- 茶树菇性平甘温、无毒，有利尿渗湿、健脾、止泻之功效。

干锅茶树菇

原料

茶树菇200克，川味腊肉150克，青辣椒、红辣椒各2个，香菜叶少许。

调料

豆瓣酱、生抽、食用油各适量。

制作方法

1. 川味腊肉用温水洗净表面，放蒸锅中蒸软，取出，切成片。茶树菇泡软，洗净，入沸水中汆烫片刻，捞起沥干。青辣椒、红辣椒洗净，切段。
2. 锅置火上，加油烧热，下川味腊肉片煸炒至出油。
3. 然后下青、红辣椒段炒香，倒入茶树菇、豆瓣酱和生抽炒匀，转入砂锅加热，撒香菜叶即可。

双椒茶树菇

原料

茶树菇200克，青辣椒段、红辣椒段各20克。

调料

料酒5克，盐、味精、香油、食用油各适量。

制作方法

1. 茶树菇去根，洗净，入沸水中汆烫，捞出。炒锅中放入食用油烧至六成热，下入汆烫好的茶树菇炸熟，捞出，沥干油。
2. 锅底留油，放入青辣椒段、红辣椒段略炒。再放入茶树菇，调入料酒、盐、味精、香油，炒熟出香味即成。

劲爆菇丝

原料

杏鲍菇300克，青、红椒丝各少许。

调料

盐2克，鸡精2克，海鲜酱油、食用油各适量。

制作方法

1. 杏鲍菇洗净，切丝。
2. 起锅热油，放入青、红椒丝煸炒出香辣味，倒入杏鲍菇丝大火煸炒，加盐调味，接着调入海鲜酱油。
3. 待煸炒至杏鲍菇丝变软，调入鸡精炒匀，盛出装盘即可。

小提示

双椒茶树菇

- 茶树菇具有利尿、健脾、止泻的功效。

劲爆菇丝

- 杏鲍菇具有润肠胃、美容的功效。

口蘑滑肉片

原料

口蘑150克，猪肉200克，红辣椒段、青辣椒段各10克。

调料

葱末、姜末、蒜末、蚝油、盐、胡椒粉、料酒、水淀粉、生抽、食用油各适量。

制作方法

1. 猪肉洗净，切成片，加少许水淀粉、盐、料酒腌渍10分钟。口蘑洗净切两半，入沸水中略汆烫，捞出沥干。
2. 锅置火上，加油烧热，爆香葱末、姜末、蒜末，加入生抽、蚝油用中火快炒，然后下入猪肉片滑散。
3. 待猪肉片翻炒至变色后下入口蘑、青辣椒段、红辣椒段翻炒片刻，加胡椒粉、盐调味即可。

小提示

口蘑滑肉片

● 口蘑味甘性平，有宜肠益气、散血热、解表化痰等功效。

香炝杏鲍菇

原料

杏鲍菇200克，葱段、红椒粒各适量。

调料

盐、鸡精、生抽、食用油各适量。

制作方法

1. 杏鲍菇洗净，切条。
2. 炒锅下油放杏鲍菇条煎炒，待杏鲍菇八成熟时盛出。
3. 锅中注油烧热，加入葱段、红椒粒炒香，加入杏鲍菇条翻炒，加入盐、鸡精、生抽调味即可。

茶树菇炒豇豆

原料

豇豆段250克，茶树菇200克。

调料

盐、豆瓣酱、辣椒酱、葱段、蒜片、食用油各适量，料酒一勺。

制作方法

1. 茶树菇洗净，与豇豆段一起焯熟。
2. 锅中注油烧热，葱段、蒜片炝锅，倒入辣椒酱和豆瓣酱，把豇豆段和茶树菇都倒入锅里翻炒，挂色后放盐，出锅时放料酒调味即可。

小提示

香炝杏鲍菇

- 杏鲍菇具有提高人体免疫力、消食的功效。

茶树菇炒豇豆

- 豇豆具有理中益气、健胃补身的功效。

蚝油香菇菜心

原料

香菇200克，菜心250克。

调料

葱末、蒜末、盐、鸡精、水淀粉、蚝油、酱油、白糖、食用油各适量。

制作方法

1. 将菜心入开水锅，锅内放油、盐，焯烫片刻捞出，放入香菇焯烫后捞出。
2. 锅内放油，煸香蒜末、葱末，放入菜心翻炒，加少许鸡精调味，水淀粉勾薄芡，将炒好的菜心码盘。
3. 锅内留油，放入葱末、蒜末、蚝油煸香。放少许酱油，倒入清水，放入香菇翻炒，焖烧出香味，加少许白糖调味，用水淀粉勾薄芡，出锅码放在菜心上即可。

小提示

蚝油香菇菜心

● 香菇具有提高机体免疫力、助消化的效果。

红烧口蘑

● 口蘑具有防止便秘、促进排毒的作用。

红烧口蘑

原料

口蘑500克，香芹2根、红辣椒段、油菜、白芝麻各适量。

调料

红烧酱油、白糖、胡椒粉、蚝油、盐、食用油、味精各适量。

制作方法

1. 口蘑洗净，切厚片。香芹切段。锅中烧开水，倒入口蘑、油菜焯水，捞出沥干。
2. 锅中注油烧热，加入红辣椒段爆香，再倒入口蘑、香芹段炒一会儿，加入蚝油炒匀，加入红烧酱油、白糖和胡椒粉炒匀，加小半碗水大火烧开，加盐、味精调味，转中火烧至收汁。
3. 油菜摆盘，倒入烧口蘑，撒上白芝麻即可。

鸡肉炒豆腐

原料

豆腐200克，鸡胸肉100克，小米椒段50克。

调料

麻油1大匙，盐1小匙，食用油30克，葱段、姜末各适量。

制作方法

1. 豆腐洗净、切块，鸡胸肉氽烫放凉后切丁。
2. 锅内倒油烧热，下姜末爆香，下鸡胸肉丁炒散，再放入小米椒段同炒。放入豆腐块翻炒均匀，加盐调味，淋少许麻油，撒上葱花即可。

小提示

鸡肉炒豆腐
- 豆腐具有补中益气、清洁肠胃的功效。

香干炒鸡丝
- 香干具有补充蛋白质、促进大脑发育的功效。

香干炒鸡丝

原料

香干条200克，鸡肉100克，青、红椒丝各适量。

调料

黄酒2茶匙，酱油1.5汤匙，水淀粉、盐、葱末、花生油、色拉油各适量。

制作方法

1. 将鸡肉洗净，切丝备用。
2. 鸡肉丝加入黄酒，滴几滴清水，调入1/2汤匙酱油、适量盐，顺一个方向拌匀。放2茶匙花生油拌匀，腌制5分钟。
3. 锅内倒油烧热，将鸡丝入锅中断生后单独盛出。底油加青、红椒丝翻炒，放香干条，加入酱油、盐，炒匀后加滑好的鸡丝，翻炒均匀，用水淀粉勾芡，撒上葱末即可。